suncolor 三采文化

20個字的精準文案

「紙一張整理術」再進化，
三表格完成 最強工作革命

淺田卓 著

A

這本書能幫你釐清工作的本質，值得一讀。

B

這本書告訴我們，「時間管理」就是「如何確保可用的時間」，對知識型勞工而言，「工作管理」就是「時間管理」，由此可見時間管理的重要性。

請問，哪一段文字比較能引起你的興趣呢？

為什麼A和B讀的是同一本書，闡述內容卻差那麼多呢？

問題就出在學習方式的不同！

前言

為什麼無法學以致用？

——你需要「紙一張整理術」

首先，謝謝你拿起這本書。

讓我猜猜你為什麼拿起這本書吧！你是一個平常積極閱讀商業書籍、參加商務課程的商務人士，卻為下述煩惱而苦——

明明學了這麼多東西，為什麼真正需要時卻無法活用呢？

又或是，你並不追求學以致用，只是單純喜歡學習？

我天生喜歡閱讀、看網路教學影片、訂購教材、參加講座。

還是說，你沒有自學的習慣，是因為對未來不安才拿起這本書呢？

科技日新月異，我如果再不進修，可能就被時代淘汰了……

無論你是因為工作需要、喜歡學習還是怕被時代遺棄才拿起這本書，總歸一句，就是**想要將所學有效運用在工作上**。本書就是要幫助你達到這個目標，接下來我要介紹的超實用方法，看完絕對讓你茅塞頓開！

你也有以下煩惱嗎？

- **特地學了新的工作技能卻派不上用場，根本是學心酸的……**
- **學的東西都是興趣使然的消費型學習，沒有可活用在工作上的投資型學習。**
- **心血來潮買了書想進修，讀完就像喪失記憶一般，忘得一乾二淨……**

其實，很多商務人士都跟你有同樣的問題，但是放眼市場競品，沒有可以有效解決這些問題的方法。

為什麼呢？因為世人對學習有很多錯誤的老舊觀念。

以下就是幾個典型的誤解：

錯誤觀念①：必須把所有東西記起來。

↓如果你是為了工作而學，不用背下全部，只要記住「一行」就夠。

錯誤觀念②：努力學習就是把所有知識塞進大腦。

↓想要學以致用，就要有輸入是為了產出的觀念。

錯誤觀念③：學習是為了自己。

↓如果你學東西是為了運用在工作上，那你其實是為了他人而學。

除了搞懂，還要能夠做到。簡單來說，就是將日常工作理所當然地做好。

如果你常常明白了，也搞懂了，卻不確定是否做得到，請務必用本書所介紹的**職場活用三大表格**，從內改變自己的工作狀況。

這個方法分為三部分：

第一部分——**基礎篇：INPUT，輸入**。

很多商務人士在輸入新知後，很快就忘得一乾二淨。而輸入學習法的目標，就是讓你將所學牢牢記在腦海裡。

第一章將帶你釐清學了就忘的三大原因。

第二章則帶你對症下藥，利用「紙一張」解決這個問題。

有人發現了嗎？剛剛終於說到本書的關鍵字——「紙一張」。

沒錯，本書介紹的學習法，**只要寫在一張紙上就可執行！**不僅方法簡單，還有以下三大優點：

- **教你如何用二十字濃縮新知。**
- **教你如何用三個重點，簡明扼要地向人說明自己學到的東西。**
- **幫你建立好人緣，成為同事與客戶之間的人氣王。**

這個「紙一張整理術」，正式名稱就叫做**紙一張學習系統**。本書將為你首次揭開該學習法的神祕面紗！想知道葫蘆裡賣什麼藥嗎？繼續讀下去準沒錯！

第二部分——**應用篇：OUTPUT**，也就是**產出**。

很多人都有學了卻無法致用的問題，學到東西就滿足了，導致無論學了多少東西，都無法活用在工作或日常生活中。

相信不少讀者看到這裡，都有一種被說中的感覺吧。那麼，到底要怎麼做，才能將學到的東西產出呢？

在第三章中，我們將對產出進行簡單的定義，這本書一定能為你找到答案。要先釐清問題，才能夠有效付諸行動。

第四章將告訴你第三章的具體執行方法，也就是如何靠寫在紙一張上，進行產出型工作法。

先提醒大家，基礎篇的重點是搞懂和做到，釐清第一部分後，才能夠行使應用篇的「紙一張整理術」喔。

學會基礎和應用後，最後進入第三部分——**奧祕篇：CONTRIBUTION，貢獻**。

第五章要帶各位釐清無法學以致用的原因。奧祕的「奧」有深奧的意思，到了第三部分，你需要進一步認清自己的學習觀與工作觀。開竅後，才能夠引發別人的共鳴，並了解工作的本質。在第五章的引導下，才能更加了解第六章「紙一張整理術」的奧祕。

別懷疑，這些方法只需要寫在一張紙上就可以，保證讓你驚呼：「天吶！學以致用竟然這麼簡單！」

看完以上說明，你是否對紙一張學習系統的學習流程比較有概念了呢？當然，關於實際的執行方法，內文會有更詳細的解說。在這裡，我想先跟各位談談本學習法的內涵。

為什麼正式名稱不是紙一張整理術，而是紙一張學習系統呢？之所以命名為系統，是因為只要你照著本書循序執行，不用勉強自己學習，自然而然就能釐清此法的本質。

有些內容剛看可能會不理解，但只要按照順序讀下去，你會發現自己在不知不覺中已經學會了。本書教的是一套系統、組織架構，也是機制。

我第一次被啟發是在高三考大學的時候。當時我對很多科目一竅不通，但在優質參考書的幫助下，原本覺得很困難的科目，竟然成為拿手強項。我的成績也因此突飛猛進，最後順利金榜題名。我這才知道書竟擁有如此大的力量，一本好書，足以改變一個人的人生。

第二次是在準備出社會找工作的時候被啟發的。當時日本社會正處於就職冰河期，即便如此，我仍靠著一本優質的就職教學書，成功進入 TOYOTA 汽車公司服務。

雖然說是優質，也只是在一張表單上，反覆寫下自己人生中做過的事罷了。考大學時也是一樣，只是日復一日重複一些簡單的動作。正是因為簡單，才能夠持續不間斷，相對的，如果你做的事情很複雜卻沒有意義，到頭來不過是白費力氣罷了。

在合理的機制下努力，才能夠做出成果。

我以前念書時曾練過柔道，也是靠同樣的方法讓自己不斷進步。武術和技藝有招式，學習也是一樣，要把事情學好必須滿足兩個條件：

一、講究本質的系統（組織、機制）

二、簡單的招式（動作）

TOYOTA的工作法是「紙一張彙整法」，這一點會在第二章詳述。我靠「紙一張」找到了工作，也靠「紙一張」成功轉職。自己創業後，我甚至以「紙一張」為主題，建構了一套商業框架，設計出獨特的商務技能，投身社會人士的教育界。

「紙一張」無疑是我的人生救星，無論大考、出社會、換工作、創業，都是靠寫在一張紙上，這個簡單的動作而已。

這些人生經驗告訴我，無論任何事情，都可以用「紙一張」來理解、實踐和學習。至今我出版過四本書，都是以「紙一張」為前提寫成的。以前的作品都在強調學習成果，本書則將重點放在學習法本身。

因為本書和前四本作品的內容性質完全不同，所以，有人願意拿起這本書，我真的非常高興。不過，無論是以前還是現在，我都是抱著一樣的心態出書的——

我只出領域中，前所未有的書。

既然出了，就要成為該領域的指標和聖經。

這本書期許能成為商務人士在工作、學習上的自學基礎，希望各位讀完本書，都能夠受益良多，獲得從未有過的新鮮感和新啟發。高中的優質參考書改變了我的一生，我衷心期盼，本書也能翻轉各位的人生。

這篇前言是否成功勾起你的興趣了呢？

我們內文見。

淺田卓

CONTENTS

PART 2 應用篇：OUTPUT 產出

第 3 章 怎麼學才能讓產出更優質？

第 4 章 3Q 產出執行表：化被動吸收為精準產出

第6章 紙一張貢獻執行表：任何職場技能都能現學現賣

終章 喚醒你心中的求知慾

第 1 章

為什麼學了就忘？

害你學什麼忘什麼的罪魁禍首

先不論是工作進修還是興趣使然，以前你閱讀、去上課、學習新事物時，曾出現過以下想法嗎？

「天吶！這本書真的好好看喔！」
「好感動喔！這是我第一次參加課程滿載而歸！」
「這個教材真的很棒！足以翻轉人生！」

如果有，請繼續回答下列問題。

具體的內容是？

你學到了什麼呢？

哪一部分讓你特別感動呢？

至今我舉辦過許多場企業內訓、講座課程，專門教授社會人士商務技能。目前我的學員已超過八千人，著作累積銷量也超過三十五萬本。

因為工作的關係，我經常能接觸到各種背景的商務人士，也向很多人詢問過上述問題。

遺憾的是，大多人都能回答得出書名、人名、工具或方法的名稱，卻無法告訴我具體的內容。

世風日下，現代人幾乎是學什麼忘什麼。

相信很多讀者看到這句話，都是心有戚戚焉吧。

奇妙的是，絕大多數人都有學什麼忘什麼的困擾，卻不在意。所以，我才會以學以致用——將所學運用在工作上為主題，寫了這本書。

如果你很努力學習，卻連學什麼都忘了，又怎麼能運用在工作上呢？為什麼我們會忘了自己學了什麼？這未免也太不合理了吧？

身為一名學習者兼教學者，我花了很多年的時間尋找這個問題的答案，最後整理出以下三大原因。

走鐘的學習觀念

這其實是時代的眼淚。總歸一句話，就是——

在這個時代，學習已成為一種消費。

以電視節目來說吧，進入二十一世紀以後，絕大多數的電視節目都是有目的性的，沒有學習價值的電視節目根本就無法生存。看節目性質就知道，單純追求樂趣的綜藝節目一一遭到停播，取而代之的是，講求在樂趣中學習的猜謎節目、政論節目、資訊節目等等。

這幾年有電視台將百萬暢銷書《被討厭的勇氣》（究竟出版）翻拍成電視劇，就是將娛樂結合學習的經典例子。如果你平常有在看日本節目，相信對這樣的節目性質的變化並不陌生。

在這個資訊爆炸的時代，無論你想學什麼，只要上網搜尋，都能夠找到相關教材和教學影片。

這種環境下，學習就像喝水一般簡單，這減低了學習這個行為本身的價值，導致學習成了隨手可得的消費行為。

在這裡，我先問大家一個問題：「你三天前的晚餐吃了什麼？」大多數人被問到這個問題都答不出來，即便那一餐好吃到你連連稱絕。因為，不管再怎麼好吃，吃飯都只是消費行為，很容易遺忘。

接下來，我們換個問題：「你三天前學了什麼？」你回答得出來嗎？回答不出來的原因很簡單，因為學習的當下你已經獲得滿足了，所以大腦很快就消除了相關記憶。

在這個學習已淪為消費的時代，**忘記學了什麼似乎成了一種理所當然**。這也是為什麼大家對這個現象早已見怪不怪。既然知道問題在哪裡，就可以對症下藥了。想要改善這樣的情形，就必須矯正學習觀念，**將消費型學習改為投資型學習**。

學任何東西都必須有明確的目的，為了達成目標，我們必須積極、主動地學習，而非被動地滿足慾望。投資型學習成立的關鍵，就在於**釐清學習目的**。具體而言該怎麼做呢？我們第二章見分曉。本書之後還會提到幾個關鍵字，讓我們一個一個慢慢釐清。

囫圇吞棗

為什麼我們會學什麼忘什麼呢？

第二個原因是，**學習過程中，沒有經過思考和整理**。簡單來說，就是「作者和老師說什麼你就信什麼」，要比喻的話，就像是囫圇吞棗，沒有好好咀嚼。這樣當然記不得自己學了什麼。

以前上課時，我曾問過一名喜歡閱讀的學員說：「哪一本書改變了你的人生？」

他說是現代管理學之父——彼得．杜拉克（Peter Drucker）的經典名著之一《杜拉克談高效能的5個習慣》（遠流出版）。

我問他，具體學到了哪些東西？他卻開始顧左右而言他：工作的本質、總之就是很棒、真的很值得一讀……，這樣的回答一點都不具體。因為我本身讀過這本書好幾次，所以換了個方式問他。

我：「我很喜歡第二章談時間管理的部分，你呢？」

他：「您是說〈了解你的時間〉對吧？那一章真的很棒。」

第二章的章名是叫〈了解你的時間〉沒錯。然而到最後，他還是沒有講出什麼具體內容，因為他根本不記得自己讀了什麼。

閱讀的當下，他的內心應該充滿了興奮與感動。然而，讀完後他卻將具體內容忘得一乾二淨。

這種閱讀方式，只是將作者提到的特有詞彙塞進腦中罷了。這種被動輸入的情況下，當然無法說出書裡的關鍵字，將內容占為己有，轉換成自己的話。

經過我的提點，他好不容易才回想起書裡的關鍵字，但這已是他的極限，再問下去就沒戲唱了。不禁讓人懷疑，他能將書裡的理論實際活用在工作上嗎？

在這個案例中，你是否彷彿看到了自己呢？如果你看書、上課、看影片只記得關鍵字，代表你只是被動地將知識塞進腦中。

這樣的記憶容易隨著時間消逝，一個星期後，你甚至想不起來自己學了什麼。那麼，你就絕對無法學以致用。

忘記所學，是因為你沒用自己的方式學。要將消費型學習改成投資型學習，必須釐清學習目的。要避免囫圇吞棗，則必須**在學習過程中思考和整理**。至於如何思考、如何整理，我們一樣在第二章分曉。

過於冗長

前面已經列出兩個學什麼忘什麼的原因。一是流於消費型學習，缺乏明確的學習目的；二是沒有融會貫通，缺少主動思考整理。其他還有一些次要原因，但為了讓各位對本章的內容更印象深刻，這邊只列出三大主因。

第三個原因就是——**沒有對內容進行簡化和彙整**。前面提到，我的工作是教授社會人士商務技能，教他們如何用「紙一張」來思考、整理、溝通。具體的作法會在第二章之後詳述，這裡我想先跟各位談談，內容經過思考、整理後，會發生什麼事。

在教「紙一張整理術」時，我發現很多人整理過後的內容都有一個問題——**太過冗長，根本記不住**。

以前我曾以我的處女作——《在TOYOTA學到的只要「紙一張」的整理技術》（天下雜誌出版）為題開班授課。之後，我請學員彙整當日所學交給我，卻收到這樣的內容：

● 請簡短描述課堂所學

「紙一張」可幫助我們經常性地進行思考整理，將想法付諸實行，把複雜的內容濃縮成三個重點，更容易向他人說明。

工作原本只是為了自我滿足，用這個方式就能從我好就好轉型為貢獻他人。

誠如各位所見，這個人描述一點都不簡短，怎麼可能記得住。於是我請他用一句話描述，這才濃縮成簡短的一句話：

用「紙一張」改掉自我滿足的工

●學了就忘的三大主因

①走鐘的學習觀念：在現代，學習已成為一種消費。

②沒有融會貫通

③沒有將學習內容進行簡化和彙整。

作方式。

有時候，你以為自己說得很簡單易懂，在別人的眼裡卻不夠扼要。內容一旦太過冗長，就很難記住，馬上就會忘了。

很多人都有這樣的問題，所以你呢？你的彙整方式夠極簡嗎？

你平常是否有簡化內容的習慣呢？吸收新知時，是否會先思考再加以整理呢？

你有用自己的方式理解學到的東西嗎？你的學習，有明確的目的性嗎？你的學習是否已經變成廉價的消費了呢？

●學過不忘的三大方法

①釐清學習目的

②思考和整理

③簡化表達

如果你無法回答以上的問題，那麼你需要的是紙一張學習系統，而且必須從基礎篇開始學！前面我們已經釐清學了就忘的三大主因，也開了對症下藥的三道處方箋——

①釐清學習目的

②思考和整理

③簡化表達

接下來的第二章，我要教各位如何用「紙一張」執行**「二十字濃縮術」**來達到以上三個目標。這一章的內容大家都搞清楚了嗎？我們下一章見。

第 2 章

二十字濃縮表：紙一張整理術再升級

多不過二十字，少不過一句話

接下來，我們要從理論進階到執行的部分。

先複習一下第一章的三大關鍵字：

①釐清學習目的

②思考和整理

③簡化表達

只要這三個方法，就能夠擺脫學什麼忘什麼的窘境，長期保存輸入大腦的記憶。

首先我們來看看第一章最後提到的③簡化表達。

在上「紙一張講座」時，我都會苦口婆心地提醒學員：

將每個學習內容濃縮在二十字以內。

其實前面的內容已經偷偷舉了好幾個例子，你發現了嗎？

世風日下，現代人幾乎是學什麼忘什麼。（十八字）
在這個時代，學習已成為一種消費。（十六字）
那是因為，我們把學習當成了消費。（十六字）
設法將「消費型學習」改為「投資型學習」。（二十字）
學習過程中，沒有經過思考和整理。（十六字）
沒有將學習內容進行簡化和彙整。（十五字）
用「紙一張」改掉自我滿足的工作方式。（十八字）
將每個學習內容濃縮在二十字以內。（十六字）

如何？這些句子是不是都很簡明扼要呢？

看到這些重點句時，應該都感到一目瞭然吧？這並非偶然，而是我謹守二十字原則，將每句話定量縮減的關係。

那為什麼是二十字呢？理由很簡單，因為**只要二十字就能將想說的內容交代清楚**。

俳句就是很好的例子。俳句是由「五、七、五」共十七個音組成的日本短詩，加上完整的標點符號就是**五，七，五**。

這樣總共是幾個字呢？我們來算算看。

五，七，五。

=（5+1）+（7+1）+（5+1）

=二十字

十七個音加上三個標點符號，總共是二十個字。

此外，日本的稿紙也是一行二十字。為什麼是二十字呢？這和俳句組合是一樣的道理，二十字足以成文。

以前在念書時，有些國文試題會要你找出文章裡的重點並限制回答字數，我曾學過這樣的解題技巧：「若題目規定字數需少於四十字，就是要你回答兩個重點；若規定字數需少於六十字，就是要你回答三個重點。」藉此提升解題速度和得分率。

由此可見，一句重點大約就是二十字。

上面洋洋灑灑舉了三個例子，其實我要說的只有一句話：

只要二十字就能將想說的事情交代清楚。

數完這句話有幾個字後，你就可以繼續讀下去了。

TOYOTA 教我的事：濃縮的力量

看完上面的說明，各位應該都明白為什麼要濃縮成二十字了。不過，光是知道為什麼還不夠，重點是：

要怎麼做才能將內容濃縮成二十字呢？

在回答這個問題之前，我想先向各位自首一件事。

我以前很不擅長濃縮內容。

看到這裡一定有人心想：「真的假的？前面你不是濃縮出很多二十字的重點句嗎？」別懷疑，是真的。

說出來可能沒人相信，我以前是國文白癡。尤其是整理重點型的題目，每每遇到都是一個頭兩個大。

從前的我是如何變成濃縮高手的呢？當時我讀了很多教人如何彙整重點的書，無奈都不見效。

直到我進了TOYOTA，**每天都得做幾百張「紙一張型文書」**，才從基礎改善了我的彙整能力。

TOYOTA教我的事：文書的「三不限制」

我的上班族生活大半都是在TOYOTA度過。TOYOTA一年就能創造超過兩兆圓的盈利。像這樣的國際級大企業，藏有什麼樣的工作祕訣呢？

針對這點，市面上的觀點五花八門，大家各有各的主張。但我認為，重點在於TOYOTA內部的「紙一張彙整工作術」。

TOYOTA習慣將所有文書簡約成一張紙，無論是企劃書、裁決書、請購單、報告書、會議紀錄、分析資料、審議資料、討論文件，都是彙整成單張A4或A3紙。

雖然公司對此並無明文規定，但TOYOTA上下共有七萬名員工，基本上都採用這個方法。我在《在TOYOTA學到的只要「紙一張」的整理技術》一書中，曾介紹過TOYOTA實際使用的「紙一張型文書」。

這些文書有「三不限制」：

- **限制①：不超過一張紙**
- **限制②：不超出框格**
- **限制③：不偏離主題**

第一點應該不難理解，就是文書內容不超過一張紙。基本上不超過一張A4，如果不夠，就以一張A3為限。

每張資料上都有數個框格，也就是欄位、儲存格，每個框格上方都標有主題。在製作文書時，文量不可超出框格，且不可輸入跟主題無關的內容。

問題來了，在紙一張、框格和主題的這三大限制之下，一直製作文書會發

圖 2-1 TOYOTA 使用的「紙一張型文書」

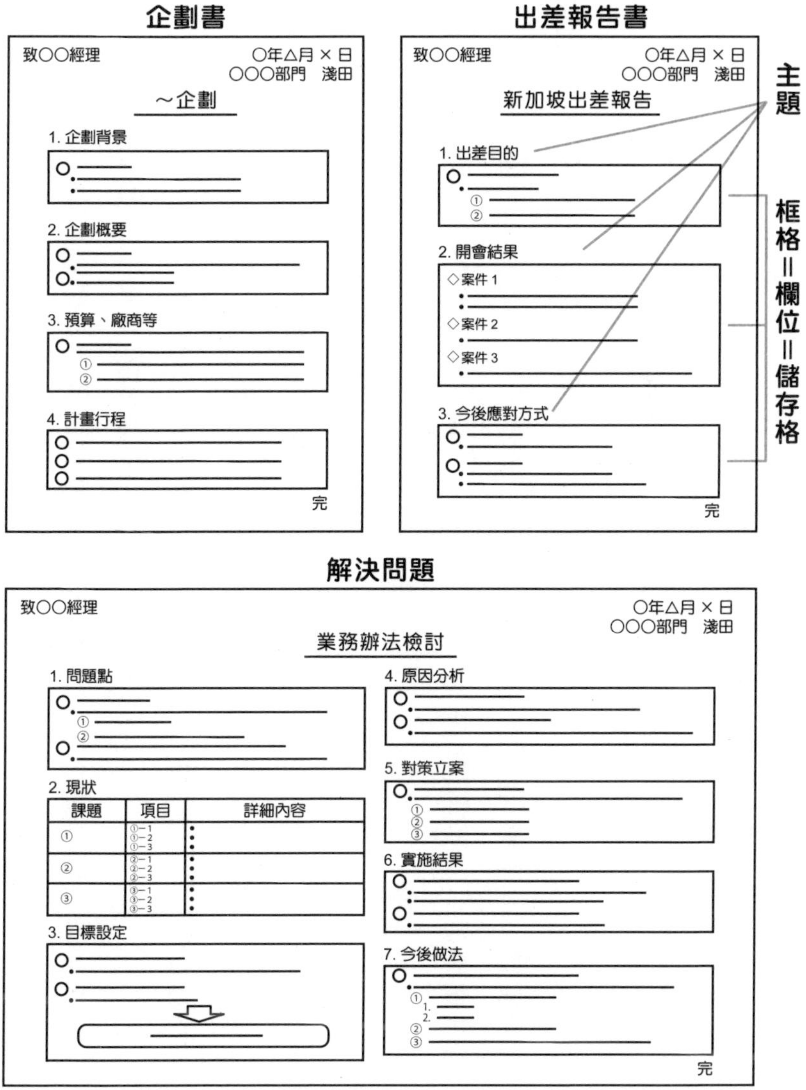

生什麼事呢？

因為每天都必須想方設法將資料彙整成紙一張、一個框格和一個主題，不難想像，彙整能力一定會突飛猛進。

當你做的資料愈來愈多，這些量就會提升彙整能力的質。一開始我彙整得並不順利，每次把做好的文書給主管看，都是滿江紅，內容被主管大刪特刪。改完後再拿去，還是白紙去，紅紙回。慢慢的，我終於能夠不倚靠別人的力量，將文量控制在框格內。

如果你擔心：「我不像你有主管可以幫忙看耶，只靠自己，真的有辦法提升彙整能力嗎？」我可以告訴你：「可以的。」在主管的輔助下，我確實很快就抓到了精髓。「速度」不是重點，只要你製作文書時遵守**紙一張、框格和主題的三個限制**，就一定能夠練就一身彙整功夫。

有了限制，自然無法自由發揮。我的學員、讀者經驗告訴我，無論再怎麼不擅長簡化文章，只要堅守「三不限制」拚命練習，最後一定都能成為彙整高手。所以不用擔心，就放手去做吧！

要學會本質，你需要思考和整理！

我因為天生不擅於彙整資訊和情報，所以一路走來克服了許多困難。

前面強調了限制對彙整能力的重要性。事實上，限制對學習也非常重要。為什麼呢？因為學習非常注重思考和整理，而**限制正是促進思考和整理的重要催化劑**。

還記得前面提到，學過不忘的三大方法嗎？①釐清學習目的、②思考和整理、③簡化表達。接下來，我們就來看看第二項的思考和整理。我對思考和整理的定義是：**整理資訊**、**歸納想法**。

製作文書也好，工作學習也好，過程中都必須反覆思考、不斷整理。面對一個主題，首要之務就是整理資訊，才能作為思考的基礎，之後再將雜亂的想法加以歸納。

要注意的是，人的思緒很容易天馬行空地亂跑，所以想半天也歸納不出一個結論。

相信各位應該都有過這樣的經驗——主管請你想得深一點，你努力想、拚命想，卻一直鬼打牆，想不出答案……

這時，就是「限制」派上用場的時候了！限制能為我們指引思考的方向，一旦有了框架，人就會想方設法在侷限中找出答案，最後歸納出一個最簡單的結論。

有了限制後，你會發現自己開始出現這樣的口頭禪：簡單來說、總而言之、歸根究柢，進而養成絞盡腦汁的習慣，不濃縮成一句話絕不罷休。

相信各位都有注意到，我剛才用了絞盡腦汁這個詞。絞盡腦汁其實就是反覆思考、不斷整理。

那麼，為什麼要絞盡腦汁呢？其實是為了找出某個東西，那就是你面對的主題的本質。本質是本書的關鍵字，但究竟本質是什麼意思呢？**本質是符合眾多事實和現象的道理**。

假設你不斷學習新事物，經過反覆的思考與整理，最後找出了手邊業務的本質，也就是依據和判斷基準。

這麼一來，無論身處何時何地，你都能夠果斷地做出判斷並付諸行動。即便遇到突發狀況，也能不慌不忙地做出應對。

釐清本質後，無論別人怎麼攻擊你、出盡奇招想要把你問倒，你都能堅持自己的立場，對答如流。沒錯！這就是釐清本質的力量，也是工作時不可或缺的技能。

此外，本質還有一個很重要的特徵——**本質的概念都能用非常簡單的一句話表現**。

正因為本質是反覆思考整理過後的產物，不需要太冗長也能夠清楚表達。用二十字濃縮術來說，就是：**學習是透過思考整理來探求本質的行為**。

如果你習慣仰賴流於表面的死背、沒有系統的解讀，能記得一半就謝天謝地了。面對你要面對的主題，就應該絞盡腦汁思考和整理。

本質是一通百通的，只要搞懂一個，就能連帶理解很多事情，達到順藤摸瓜的效果。再加上本質都能用非常簡單的語言描述，可簡化輸入的資訊，達到加強記憶的效果。

整理資訊，歸納思考——思考整理可協助我們釐清本質，進而做到學過不忘三大方法的第三項，簡化表達。只有學過不忘，才能夠學以致用，對工作才更有幫助。

整理的兩大神器

要怎麼培養二十字濃縮術所需要的思考整理和彙整能力呢？就是上述內容不斷提到的，在限制中抓出重點。

製作文書有三不限制，學習事物也要有所限制。但是，怎麼個限制法呢？方法很簡單，只要有紙和筆，任誰都可以做到。

首先，請你製作一張像圖 2-2 這樣的執行表。這張執行表有三個限制：

- **在一張紙上**
- **畫一個表格**
- **依主題填入**

像這種以一張紙、表格和主題為限制條件的執行表，至今我已設計超過十五種，並開發出「紙一張」的商務技能體系。

這次為配合本書主題「輸入（INPUT）」和「精準下標」，我特別從中挑

圖 2-2　二十字濃縮表

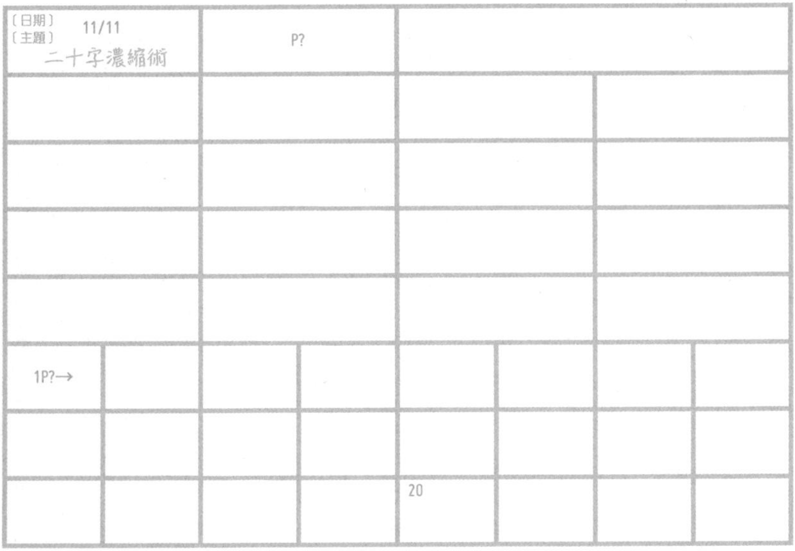

選了幾種介紹給大家，設計出全新的紙一張學習系統。

這些內容即便是老讀者，應該也會覺得有新鮮感才是。

尤其是接下來要介紹的「二十字濃縮表」，可是第一次曝光的新鮮貨喔！

無論你是舊雨還是新知，都請務必多多利用這個表格，為自己衝一波經驗值。

二十字濃縮表

接下來，我要跟各位說明「二十字濃縮表」的書寫方式和使用方法。

首先，請你準備綠、藍和紅三色筆，還有一張紙。整本書只要這兩樣東西即可。

之後的應用篇和奧祕篇所介紹的執行表，也不會用到其他工具。因為目前還在練習階段，是以寫為重點，所以請準備稍微大張一點的紙，影印紙、筆記本或計算紙等皆可，形式不拘。

在上「紙一張工作術」的課程時，我會請學員準備B5大小的筆記本。如果手邊沒有B5尺寸的紙，大一點的A4也可以。

切記！千萬不要使用記事本，因為尺寸太小，至少要大於A5，否則會很難書寫。

關於紙張大小，之後我會列出實例說明。另外，請各位準備紙張，不要用電腦的 Word。因為實體紙張比螢幕畫面更能刺激大腦。

如果你是十幾歲的數位原住民（Digital Native）還勉強可以。但如果你已經是商務人士，還是使用紙張比較有效。也許有人覺得寫字很麻煩，但是寫在紙上更能快速學習喔！

準備好筆記本或紙張後，請拿出綠筆，照著五十一頁的圖 2-3 畫上表格。畫好後，先在左上方欄位寫下今天的日期和主題。為了讓大家容易理解，這裡以「閱讀一本書」為範例。

在彙整閱讀內容時，請先在左上方欄位寫下書名。

我選的是亞曼達．瑞普立（Amanda Ripley）所寫的《生還者希望你知道的事》（行人出版）。三一一大地震發生後，有段時間我都在研究人類面臨災害時的本質，這本就是當時書單上的作品。

這個時代，每年都會發生歷史性的天災，光靠一般的防災避難已不足以應變。於是我開始思考，究竟要釐清什麼樣的本質，才能在這充滿天災人禍的環境中倖存？要怎麼做才能自救，並拯救你所重視的人？為了找出答案，我開始大量閱讀相關書籍。

其中最令我回味無窮的，就是這本《生還者希望你知道的事》。或許你會想：「為什麼要舉這個例子啊？這跟工作又沒有關係！」因為現階段的重點是，習慣如何填寫執行表，舉這個例子是為了讓各位知道，這個階段先從興趣著手即可。

經過反覆思考和不斷整理後，我得出的二十字結論是，**人在遇到緊急狀況時，都是跟著習慣走**。

所以我時常將這句話掛在嘴邊，提醒身邊的人要有備無患。遇到災難時，你以為我們可以冷靜思考，做出合宜的判斷嗎？別傻了，情急之下，你我都無法正常發揮，頂多只能依據過去的習慣做出反應。

所以，能否在災害時平安脫困，關鍵在於你平常是否有做災害演練，以及是否經常跟周遭的人討論保命對策。這些平日培養出的習慣，能幫助你在危急時刻做出正確判斷。

瑞普立在書中舉了美國九一一事件的例子。

當時紐約世貿中心遭到恐怖攻擊，人員死傷慘重，某家公司的員工卻幾乎全數生還。因為該公司經常舉行防災的逃生演習。反觀其他公司的上班族都沒有逃生，甚至繼續留在辦公室。

能到世貿中心工作的，基本上都是優秀的商務菁英，為什麼他們會做出如此不合理的判斷呢？答案就是前面提到的，人在遇到緊急狀況時，都是跟著習慣走。很多人根本就不重視逃生演習，光跟他們喊有備無患、安全第一這種口號是沒有用的。

但是，如果你跟他們說，人在遇到緊急狀況時，都是跟著習慣走，他們肯定能獲得新的啟發，進而明白防災的重要性。相信各位讀者之中，應該很多人都被我說服了吧。

別懷疑，二十個字的精準表達就是這麼好用！不但能達到學過不忘、簡化表達的效果，還能提升溝通能力。

②用紅筆寫下目的

④用紅筆將十六個關鍵字圈連分類

20

圖 2-3 二十字濃縮表

①填寫日期和主題
〔日期〕
11/11
〔主題〕
《生還者
希望你知道的事》
P?
③用藍筆寫出跟目的有關的關鍵字
1P?→
⑤用紅筆或藍筆，將圈起來的關鍵字共通點，濃縮成二十字

01 釐清目的

接下來，我們要進入紙一張學習系統的重點了。究竟，二十字是怎麼產生的呢？

首先，請你思考自己讀這本書的目的。執行表上的「P?」，指的是「Purpose?」，也就是閱讀目的。在閱讀前，請用紅筆在欄目內填入目的。要做到簡化表達和思考整理，目的扮演了非常重要的角色。

釐清目的後，才能去除跟目的無關的資訊，這麼做才能去蕪存菁，將資訊濃縮成一張紙或一句話。目的是我們進行思考整理時的重心，也是簡化思緒的依據。之所以用紅筆，是為了強調目的的重要性。

比方說，我閱讀《生還者希望你知道的事》是為了找出人類面臨災害時的本質。那些無法將書中內容活用在工作上的人，大部分都沒有明確的閱讀目的。上課時，我經常問我的學員：「你為什麼讀這本書？」、「你為什麼報名我的課？」

然而，大部分的人都無法給出明確答案。絕大多數的讀者都是隨便買本

圖 2-4　填寫目的（P? 欄）

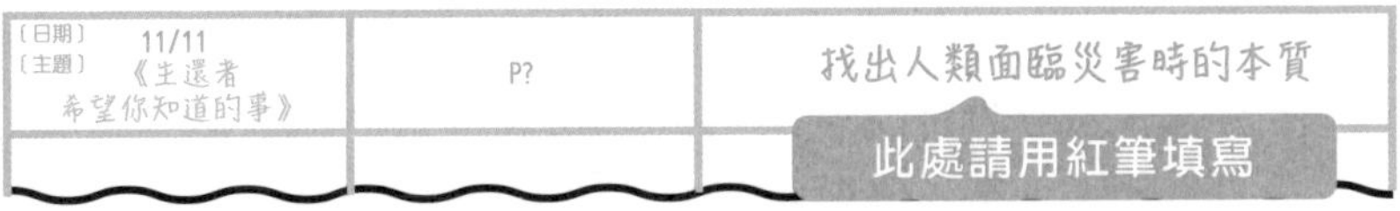

書、隨便讀讀，然後隨便滿足。這就是第一章不斷提到的消費型學習。

你準備好為這種學習方式畫上終止符了嗎？關鍵就在於行動的第一步——釐清自己閱讀目的並寫出來。

那麼，要怎麼培養釐清目的的習慣呢？正如瑞普立在書中所說的，平時的訓練非常重要。因此不斷練習書寫「二十字濃縮表」可幫助你達到釐清閱讀目的的效果。

畫好表格後，請用紅筆在P?欄中寫下目的。一個簡單的動作，將大大影響你之後的思考方式。

行動比口說更能快速養成習慣，口頭說一百次讀書要有目的，不如實際在紙上寫個幾次來得有用。希望各位學會二十字濃縮表後，都能化想法為文字。

讀書不忘目的

下一步是什麼呢？寫完P?欄後，請把執行表放在一旁，以平常心看書。閱讀方式隨意，熟讀也好，速讀亦可。但在閱讀時，請務必加上一個小動作——不時瞄一下執行表上的P?欄。

為什麼要這麼做呢？因為人很容易忘記目的。即便你已將目的清楚寫在紙上，遺忘的速度仍快到令人難以置信。

尤其我們才剛接觸這個方法，很難把只寫過一遍的句子牢牢記在腦中。所以，請各位閱讀時一定要不時看一下P?欄。

如果是一本書分好幾天看，請在每天看書前看一下執行表。如果是一口氣看完，則在每讀完三分之一時看一次即可。

短短幾秒鐘，效果大不同。魔鬼藏在細節裡，小動作也能有大影響。請各位不要懷疑，跟著做就對了！

02 找出關鍵字

讀完一遍後，就開始填寫執行表的中段部分。

你可以直接回想，或是翻書查看，將有助於寫出達成目的的關鍵字，這部分請用藍筆填寫。執行表上有十六個欄位，不一定要全部填滿，填滿並不是此步驟的目的。

再強調一次，思考和整理是指整理資訊、歸納想法。

用藍筆寫出關鍵字，是為了蒐集資訊和資源，幫助我們將內容濃縮成二十個字。基本上，只要有八個關鍵字就相當足夠了。

如果關鍵字超過十六個又該怎麼辦呢？答案是，強制結束。

資訊量太多反而會引發混亂，阻礙我們歸納想法，十六個已是極限。凡事應講求平衡與中庸，不多不少，剛好就好。

總之別想太多，能寫多少就寫多少，一次就成功當然最好，成果普普就再試一次，反正再怎麼寫，也只有一張的份量對吧。

圖 2-5　藍筆填寫關鍵字

〔日期〕11/11 〔主題〕《生還者希望你知道的事》	P?	找出人類面臨災害時的本質	
警衛主管瑞克・瑞思考勒（Rick Rescorla）	如何戰勝恐懼？ ＝準備	克服壓力的最佳方法	南亞大海嘯地震 ▶逃到高處
緊急時刻＝ 恐慌＜禮貌	獲救的可能性＝希望 ▶行動的泉源	呼吸控制	麻痺＝毫無反應
動腦＝ 反覆練習	否認▶思考▶行動	逃生・否認＝ 自信・自尊心	八個P
不熟悉的環境＝ 被動，IQ降低	練習＝程序的重要性	大量＜單個的教訓	原書名： The Unthinkable

用藍筆填寫

Point 關鍵十分鐘

這裡要提醒大家，翻書挑關鍵字時，只要確認需要的部分即可。

既然已經讀過一次，應該大致能掌握關鍵字在哪一頁。在前面就只翻前面，在最後就只翻最後，千萬不要二度細看書的內容。

別忘了，再次翻閱的目的是為了找出有用的資訊，這個階段的重點在於填寫關鍵字，可別一心二用了。

建議各位可設定時間限制。像是用碼表計時，規定自己在十分鐘之內找完關鍵字。如果十分鐘真的無法完成，最多也不要超過十五分鐘。

因為一旦超過十五分鐘，專注力就會大幅降低。日本NHK電視台平日早上都會播放十五分鐘的晨間連續劇，填寫關鍵字時，可別比一集連續劇還久喔！

03 用紅筆圈連分類

花十分鐘用藍筆寫完關鍵字後，就要進入最後的彙整了。

這時，請重新拿出紅筆。前面我們已用藍筆完成資訊整理的步驟，接下來就要用紅筆進行想法的歸納。

建議各位可先構思一個簡單的句型，比方說，我讀這本書的目的是為了找出人類面臨災害時的本質，這時只要將內容濃縮成**「人在遇到緊急狀況時，都是～」**的簡單句型即可。

有了基本句型後，就用紅筆歸納分類剛才寫的關鍵字。具體方法如下：

- **將意思相同的詞彙圈連起來**
- **將類似的詞彙圈連、分類**

將詞彙間的共通點寫在空白處

這麼一來，就能歸納出有助於達成目的的詞彙。這個步驟的重點在於邊寫邊思考，也就是邊圈連分類邊思考。一般人因為沒有受過訓練，在不動筆的情況下進行整理是很困難的。所以在彙整關鍵字時，請務必一邊動筆一邊思考，效率才會高。

光看文字可能很難理解，建議各位先看過完整的說明後，再實際動手填寫看看。順帶一提，用不同顏色的筆是為了在視覺上更容易分辨，提升思考整理的效率。

濃縮在二十字以內的一句話

思考到一個階段後，請用紅筆逐字填入下方1P?的欄位中。1P?是1Phrase的意思，也就是用一句話說，或是用接近二十字描述。

IP？一共有二十三格，多出的三格是緩衝區。這部分的重點也是限制，最多不可超過二十三字。逐格填寫的方式，可幫助各位確認自己有沒有接近二十字的原則。

一開始能順利將字數控制在範圍內的人並不多。別擔心，我剛進TOYOTA的第一年也是這樣的。建議各位抱著量重於質的心態，反覆嘗試，不斷練習。寫完十張後你會發現，自己的彙整能力會愈來愈好，慢慢抓到二十字的精髓。

超過二十張後，就能得心應手，之後要寫到三十張、五十張都不是問題。我們的最終目標是追求無紙化，也就是不動筆，在腦中就能跑完一整套流程。前面曾提到：「在不動筆的情況下，進行思考整理是非常困難的。」但那是因為沒有受過訓練。

只要不斷填寫「二十字濃縮表」，就可達到訓練效果。熟能生巧，上手後，不用等看完整本書，在閱讀的途中就能進行「二十字濃縮術」。

一開始你或許會覺得厭煩，但技能就是這樣，唯有不厭其煩地練習，才能熟能生巧。學成後，一切都會變得像呼吸一樣自然。

找出人類面臨災害時的本質

克服壓力的最佳方法	南亞大海嘯地震 ▶逃到高處
呼吸控制	麻痺＝毫無反應
逃生・否認＝ 自信・自尊心	八個P
大量＜單個的教訓	原書名： The Unthinkable

用紅筆圈連

到	緊	急	狀
是	跟	著	習
20			

圖 2-6 圈連分類

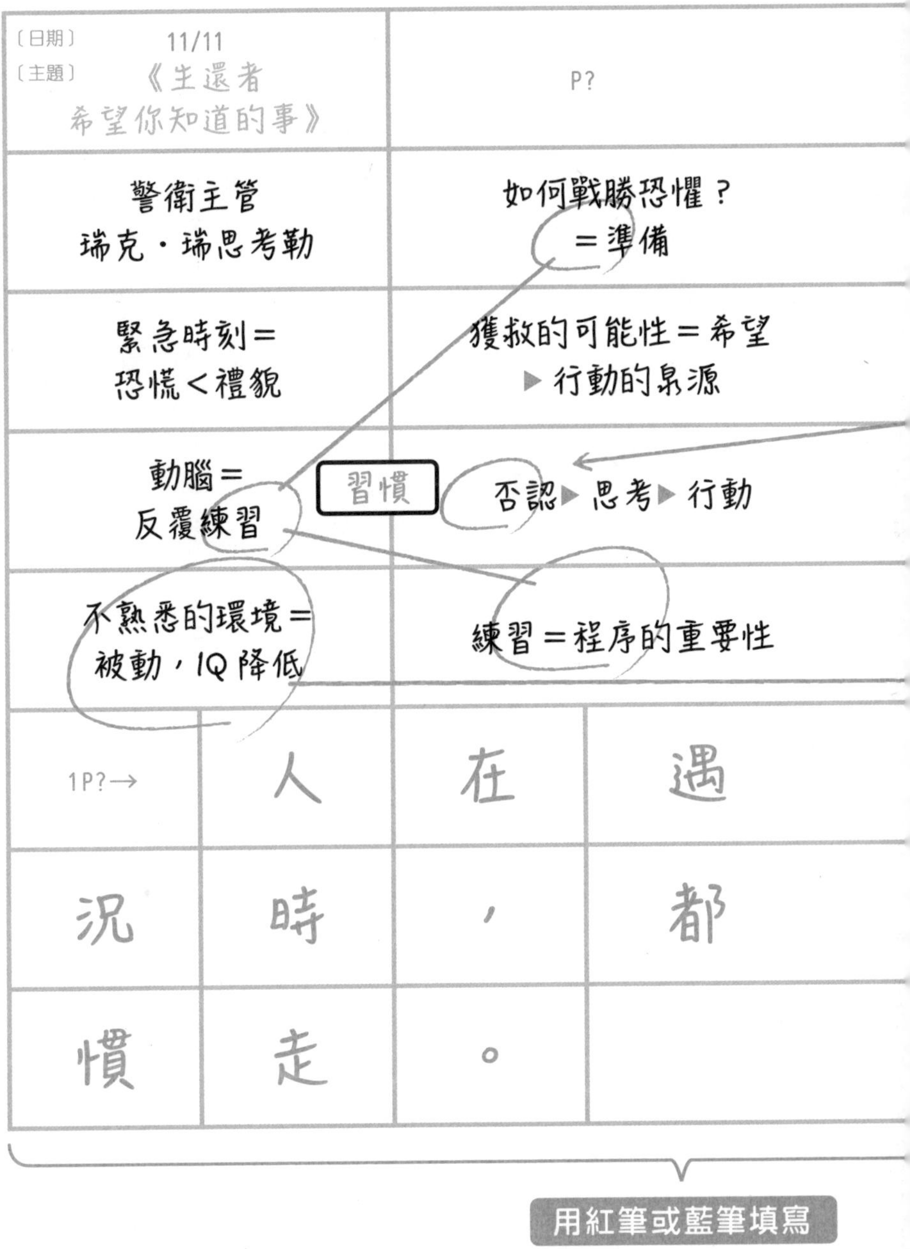
〔日期〕 11/11
〔主題〕 《生還者希望你知道的事》
P?
警衛主管
瑞克·瑞思考勒
如何戰勝恐懼？
＝準備
緊急時刻＝
恐慌＜禮貌
獲救的可能性＝希望
▶行動的泉源
動腦＝
反覆練習
習慣
否認▶思考▶行動
不熟悉的環境＝
被動，IQ降低
練習＝程序的重要性
1P?→
人
在
遇
況
時
，
都
慣
走
。
用紅筆或藍筆填寫

本書介紹的方法，只需要寫一張紙就可以了。跟學習其他技能比起來，負擔已經非常小了。

只要跟著書中步驟，就能從無紙到一張紙，然後再回到無紙狀態。請各位抱著樂於挑戰的心，不厭其煩地練習，提升自我思考整理的能力。

濃縮小祕訣

一開始各位可能比較沒有自信，建議可先用藍筆寫，之後再用紅筆進行修改。如果你怎麼想都超過二十字，可用以下三個自問句簡化句子——

- 用比較短的方式換句話說呢？
- 若調換語序，會不會更簡明扼要？
- 增加或減少形容詞，會不會更一目瞭然？

之後再用紅筆補充或刪減就可以了。在填寫 1P? 時，千萬不要有壓力，反正之後還能用紅筆修改嘛！

Case 2 如何從多本書中找出你需要的本質

接下來，我要再介紹一個二十字濃縮表的例子。如果你為了某個目的讀了很多書，要怎麼將多本書的內容濃縮在一張紙上呢？

這次我們直搗核心，以找出商務戰略的本質為例。

假設你今天想要創業，要怎麼訂立經營戰略才能夠延續事業壽命、擴大事業版圖呢？有一陣子我曾研究過這個主題，不但讀了各式各樣的經營書，還買了很多教材，四處報名相關課程。

在此先提醒大家，這張執行表並非單本書的彙整內容。我讀了許多書、上了各種網路課程和教材後，腦中裝了很多關於經營戰略的關鍵字。後來我以隨機抽樣的方式，用藍筆寫出了十六個關鍵字。

圖 2-7 多本書的思考整理（找出商務戰略的本質）

〔日期〕11/11 〔主題〕何謂戰略？	P?	找出個人創業的有效戰略	
省略鬥爭	提高價格	無從模仿	都是補強
孔明 =棄慶州	做出差別	日商不擅長	資源分配
人= EX. 日產、大塚家具	成本領先戰略	定位 vs 能力	大膽嘗試 做了才算贏
套牢 EX.au 十五年以上	如何拉高門檻	相對式決定	定義自我優勢

1P?→	戰	略	是	指	，	制	定
讓	人	願	意	花	高	價	購
買	產	品	的	20 機	制	。	

舉這個例子是要讓大家知道，二十字濃縮表並非只能用在單本書或單堂課。

重點在於達成目的，一次濃縮多本書，甚至結合課程內容、網路課程等內容，並不會阻礙這張表的填寫。

這麼做有助於主動思考整理，咀嚼輸入的內容。

這兩點非常重要，請各位務必建立正確的學習觀念，這樣才能精準下標。

沒有唯一答案，只求你要的答案

後來，我將藍筆的內容彙整成**戰略是指，制定讓人願意花高價購買產品的機制**。這句話共有二十二字，勉強算是合格了。若想再簡化，也可以改成**戰略＝制定讓人願意花高價購買產品的機制**。各位在精簡句子時，也可以用符號來減少字數，非常好用喔！

我之所以舉這個例子，是想要提醒大家一件事。這張執行表的目的是何謂戰略？而戰略的定義非常多。

上個案例的目的是，找出人類面臨災害時的本質，也沒有特定的答案。發現了嗎？如果你執著於唯一答案，是無法把內容濃縮成二十字。別忘了，**重點在於是否有助於達成目的**。

為什麼在眾多定義之中，我會將戰略濃縮為制定讓人願意花高價購買產品的機制呢？原因很簡單，因為我是個人創業，所以沒有其他員工，我凡事只能靠自己，每天能花在客戶身上的時間也只有八小時左右。

這種情況下，能接的客戶數也有限。那麼，我必須設法提高價格，讓顧客心甘情願掏錢出來，即便價格較貴，也能享受購買的價值，對花錢這件事樂在其中。

個人創業（又或是中小企業）因資源較少，對我們而言，戰略的本質就是制定讓人願意花高價購買產品的機制。這是我根據自己的狀況，為自己客製化的句子。

每個人的需求不同，彙整出來的答案自然也不同。如果我還在大企業工作，這句話就不適用了。

所以，最重要的重點在於目的。還記得我在五十二頁說的嗎？目的是我們進行思考整理時的重心，也是簡化思緒的依據。我剛才算了一下，才發現這句話總共有二十五字，超出二十字太多了。

既然如此，我們就拿這句話來機會教育吧。如果是你，會怎麼簡化這句話呢？這時就是自問法派上用場的時候了！

● 用比較短的方式換句話說呢？

● 若調換語序，會不會更簡明扼要？

● 增加或減少形容詞，會不會更一目瞭然？

你可以只是單純地刪減文字，就變成：目的是思考整理的重心、簡化思緒的依據。這樣就只剩十九個字了。

又或是調換詞彙順序，就變成：目的是簡化思緒、思考整理的重心和依據。這樣也是十九個字。

當然，你也可以更換詞彙，讓整句話更一目瞭然，就變成：**目的是進行簡化和思考整理的關鍵**。將簡化思緒改為簡化，將重心和依據改為關鍵，這樣就不超過二十字了。

簡單來說，選擇你覺得最好記的準沒錯。

彙整句子時，你的感受比作者用字更重要。選用對你來說最好記的句子，才能將二十字發揮到最大作用。

該沿用作者的詞彙還是用自己的話說呢？用這個詞真的好嗎？絞盡腦汁去思考這些問題，可幫助我們達到深入思考和進一步整理的效果。

用這個字我真的看得懂嗎？跟原文的意思有沒有太大出入？即便有出入，

還是要換成這個字嗎？等等。多試幾次後，你會發現自己的思考能力、彙整能力都出現明顯的進步。

有用比正確更重要

在〈Case 2〉的最後，我想跟大家進一步談談本質。本質頂多只能說是符合眾多事實和現象的道理，而非絕對。就〈Case 2〉而言，就是在個人創業的範疇內，選出符合眾多事實現象的一句話。

我在幫個人創業的學員上課時，經常拿這張執行表當教材。他們看完我彙整出的戰略本質後都茅塞頓開，興致勃勃地把這個表用在自己的工作上。很多學員特別來感謝我，有些人說，這句話讓他了解到自己為什麼一直賺不了錢；有些人則說，這句話讓他明白該如何發展事業。

簡化表達好處多多，不但有助精準傳達，還能夠輕鬆與他人分享，幫助他人成長。所以，還有比這更具意義的學習法嗎？

別忘了，我們是商務人士，比起求正確，更應該求實用。這樣才能夠幫助自己，也神救援同事與客戶。這麼做你會發現，很多事情光靠二十字就能解決、傳達。

要做到精準下標，你需要的是本質而非真理。

當你發現自己停滯不前時，請務必用這二十字重新自我開機。

Case 3 如何加強人文素養？

看完以上兩個案例，各位發現了嗎？精準下標並非二十字濃縮表的唯一優點。還可以加強記憶、釐清本質和幫助他人。

在〈Case 3〉中，我要跟各位介紹本法的另一個好處：加強人文素養。接下來這張執行表的案例目的是，釐清日本史的本質。

近年來，文化史和歷史的關注度很高，每年大概會有一本相關書籍登上暢銷書寶座。每到這個時候，商界就會有一堆人跟風，立志成為有人文素養的成熟人士。

人文素養的定義五花八門，其中，很多人都將精通歷史視為有文化氣質的必備條件。

問題來了，什麼叫做精通歷史呢？有人覺得應該重「量」，把課本裡的東西一字不漏記在腦中；有人則認為必須重「質」，抓住歷史的大方向，藉此釐清史觀。〈Case 3〉是使用後者的觀念來彙整日本史。

日本史的本質

首先，請各位瀏覽圖 2-8 這張執行表。

日本史的本質是什麼？相信很多人都對這個主題很有興趣吧。就結論而言，濃縮而成的句子是：**日本史的原動力是，避免因得罪人而遭殃**。

井澤元彥曾出過一套《日本史反論》叢書，這是我讀完這系列後，彙整出的一句話。所以，圖 2-8 的二十字並非一本書的濃縮精華，而是我讀完三十本書後的結果。

圖 2-8　將人文素養用自己的話濃縮成二十字

〔日期〕11/11 〔主題〕日本史的本質是？	P?	找出日本史的本質	
怨靈信仰＝作祟	不想遭人怨恨	自衛隊、日本國憲法第九條不衝突？	多次遷都的原因
言靈信仰＝說話謹慎小心	對貴族而言戰爭並非「穢事」	日本對佛教的需求在於「鎮魂」	琵琶法師也談「鎮魂」
對「和」的重視：古事記、十七條憲法、五條御誓文	武士的誕生	大佛、鎌倉佛教、葬禮佛教	朱子學＝培養無恨之心
「污穢」信仰	「朝廷幕府並存」的統治體制	國讓神話	巨型古墳的意義

1P?→	日	本	史	的	原	動	力
是	，	避	免	因	得	罪	人
而	遭	殃	。	20			

用自己的方式彙整

為什麼日本要建造奈良大佛？為什麼日本在歷史上多次遷都呢？幕府是怎麼誕生的？

為什麼日本會出現朝廷與幕府共存，這種特別的統治機制？為什麼日本人這麼重視以和為貴？

經過整理後，我發現這是因為日本人不想得罪人而遭殃。

為了避免遭殃，日本人建造大佛，不斷遷移首都。日本朝廷不斷得罪人和殺人，為了避免遭殃，才設立幕府幫自己處理紛爭，把麻煩事全丟給幕府做。

之所以重視以和為貴，也是因為怕對方報復，全都是因為避免遭殃才形成這樣的社會氛圍。

如何？找出本質是不是很方便呢？這麼一來，很多事情都說得通了。這樣的學習方式是不是很有趣？

二十字濃縮表不但能夠活躍思維，還能精確表達。學會後你會發現，本質原來這麼好用，讓你輕易獲取詳盡且廣泛的資訊，達到深度學習的效果。

還在背歷史背得頭昏腦脹嗎？別累了！只要反覆練習二十字濃縮術，抓到濃縮的精髓，累積二十字，培養人文素養並非難事。

現代人為何需要人文素養？

既然提到人文素養，我們就來談談吧。我認為，**培養人文素養是為了活出自由人生**。

學習二十字濃縮表不但能提升各位的簡化和彙整能力，慢慢地你會發現，自己愈來愈會釐清事物本質。

本質可幫助我們統一觀察事實、現象的方式，進而鞏固自己的三觀，也就是世界觀、人際觀以及人生觀。在我看來，屹立不搖的三觀，正是形成人文素養的關鍵。

人文素養又可稱為人文教育，源自英文的 Liberal Arts 一詞。換句話說，人文素養的目的是 Liberal ＝為活出自由的 Arts ＝技術學習。想要活出自由，就必須有確信的世界觀和人際觀，以及從中培養出堅定的人生觀。

這個解釋，是否讓各位對人文素養更有概念了呢？

人文素養是自信的來源

至今我遇過不少富含人文素養的文化人，我發現，這些人對自己的言行舉止都充滿信心。

他們每一個都是好奇寶寶，為了培養世界觀、人際觀和人生觀，從小到大都努力學習，用自己的方式釐清了許多本質。

也因為這個原因，他們總能果斷力行，遇事絕不心生猶豫，進而在商界大放異彩。

更厲害的是，他們往往一句話就能讓人心服口服。這些都是富含文化素養的特徵，也是活出自由人生的條件。簡單來說，就是**擁有愈多的本質就能愈有自信**。

「二十字濃縮表」可幫助我們簡化學習、釐清本質。你也可以將這張表視作培養人文素養的方法，藉由填寫執行表、用二十字彙整本質，為自己建立堅定的世界觀、人際觀和人生觀。簡單來說，**想活得自我、自由，就要學習人文教育**。

很多人培養人文素養時，容易被「量」蒙蔽了雙眼，忽略了「質」的重要性。如今人工智慧愈來愈發達，今後學習將更加重質不重量。

若做不到這點，就無法建立堅定的三觀，即便你死背了再多東西，也無用。在學習人文素養這條路上，希望大家能跟我一起善用紙一張文書表，成為重質的文化人。

第 3 章

怎麼學才能讓產出更優質？

自己搞懂了，才能說給別人聽

基礎篇的學習重點在於輸入，接下來的應用篇，則要教大家如何產出。產出究竟是什麼意思呢？工作時常能聽到 Output 這個詞，但是什麼是 Output，答得出來的人卻不多。

基礎篇也提過，這類問題並沒有標準答案。我在接觸過這麼多學員後，我發現產出的意思可簡化成：**產出是指有能力說給別人聽**。那些在職場上如魚得水的菁英，基本上都很擅長說明。你呢？你能將自己學到的東西，簡單明瞭地說明給別人聽嗎？

TOYOTA主管靠這招脫穎而出

接下來，我想跟各位分享剛進TOYOTA時的一段經驗。當時我很幸運，跟了一位非常優秀的主管。他的優秀在於，擁有非常卓越的產出能力，也就是他非常會說明。

有一次，部長突然把我的主管叫去，向他確認某件案子的進度。我在旁邊聽了不禁幫主管捏了一把冷汗，因為部長問得很突然，在沒有準備的情況下，想必主管一定無法好好回答。

然而，主管卻不慌不忙地回答：「這個案子可分成三部分。第一，我們已經跟其他部門確認過了……」他條理分明地向部長說明，讓一旁的我聽得真是目瞪口呆。

我會這麼驚訝是因為這個案子並非我主管負責的業務。然而，他卻能脈絡清楚地向部長報告。即便讓真正的負責人來說，可能都沒他說得清楚。

重點是事出突然，部長臨時把他叫去，他根本沒辦法事先準備。經過幾次類似情況後，我決定直接跟他請教：「要怎麼樣才能做到有問必答呢？」他的回答非常簡單，**我都是抱著有人問我時，我要怎麼說他才聽得懂的心態在理解**。這句話令我畢生難忘，一生受用。

這句話總共超過了二十八個字，所以我簡化成：**理解＝能夠說給別人聽**。你能夠體會這句話的意義嗎？絕大多數人的心態都是，**理解＝自己懂就好**。我把這種觀念稱為「我好就好型」。

當然，這裡不是要各位實際去說給別人聽，而是建立產出型的工作觀念。將輸入與產出結合，可濃縮成：**學習＝思考整理到足以對他人說明**。

在基礎篇中，我們從記憶、釐清本質、人文素養等各種角度定義了輸入。在應用篇中，我們將從產出的角度出發，以說明作為思考整理的重心。

一流菁英的必備條件：有問必答

離開 TOYOTA 後，我進到一家商學院服務。我的工作是採訪活動後，將影片上傳到網站上當成教學素材。這些活動有時是演講，有時是各界名人齊聚的圓桌會議。我對這份工作相當樂在其中，因為可以吸收最新的知識與資訊，接收知性的刺激。

活動主講人都是各界的佼佼者。觀察後我發現，這些人都有一個共通點，就是他們都擁有異於常人的問答能力。每場活動都會預留時間給聽眾問問題。只見這些主講人個個思路清晰，回答得簡單明瞭、正中紅心，每一位都像當時的 TOYOTA 主管一樣厲害。

從他們回答的方式，就知道這些人的工作能力非常優秀。聽眾聽完他們的演講或討論，無不心生敬意。經過口耳相傳，這些主講人的聲望也愈來愈高，每次採訪他們，我都是滿載而歸。這些人有這樣的實力，難怪能爬上各行各業的龍頭寶座。

那麼，他們究竟是如何做到有問必答呢？為什麼面對突如其來的問題，也能夠回答得有條不紊呢？因為對他們而言，**理解＝能夠說給別人聽**。

Output 這個字有很多意思，但我卻在茫茫定義之中，選擇了說明作為 Output 的關鍵字，這是為什麼呢？因為這些條理分明的成功人士，個個都是說明高手。

說明能力將影響你的評鑑考核？

改用理解＝能夠說明給別人聽的心態學習事物後，你會發現自己在辦公室裡的評價會一飛沖天。透過基礎篇的訓練，你應該學到看懂很多事物的本質，學習也不再流於表面。

大多人對於落落長的講解都是左耳聽右耳出，但本質就不一樣了，能夠輕易說進人的心坎裡。若你能將學到的東西簡明扼要地說明給別人聽，周遭的人肯定對你刮目相看。

正如我在商學院裡見識到的，這種說話方式真的是帥呆了。也因為這個原因，這些人令人心生尊敬、為之傾倒的各界領袖不只商界，政界亦是如此，民眾心中的優秀政治人物，通常都是大演說家。

說明能力非常重要，甚至會影響你的工作考核。雖說這並非二十字濃縮術的唯一目的。但是，說到學習動機，每個人多少都想被認可。

如果你想被認可，不要只想著自己懂就好，趁這個機會矯正一下觀念吧！**產出是一種將思考整理到可以向人說明的行為**。這種觀念，才是你需要的！

用三大疑問詞搞懂事物

看到這裡，相信各位已經明白產出＝能夠向他人說明。但在實際執行前，還需要具備一些觀念。

接下來，我要問大家一個非常重要的問題——什麼叫做理解？能夠向他人說明，就是說到別人聽懂為止。那到底要怎麼說明，才能讓別人聽懂呢？

經過大量的思考與整理，我得到了以下結論：**搞懂是為了消除心中的三大疑問**。

前面提到，在 TOYOTA 服務時，我每天都在製作紙一張型文書。老實告訴各位，當時我每天交文書時都被打槍到體無完膚。

「體無完膚？你會不會說得太誇張了？」不不不，當時的我被說成沙包也不為過。他們會問我各種問題，有不知道怎麼回答的高難度問題，也有「問這個要幹麼？」的愚蠢問題。

當然，我可不能真的當個沙包，傻傻地站著給人打。我開始思考：「難道不能分析對方從哪個角度出拳、走什麼樣的拳路嗎？」這些問題難道沒有固定的套路嗎？

於是，我開始對這些問題進行程度和類型的分類，有好幾年都在進行報聯商（報告、聯絡、商量）時的打槍研究。

當時我釐清的本質，就是**搞懂是指消除心中的三大疑問**。而這三個疑問，就是What（什麼）？、Why（為什麼）？、How（如何）？。

WWH整理法

請各位翻回三十九頁，看一下TOYOTA使用的紙一張型文書。其實這些文書中的所有子項目都能用What?、Why?、How?來分類。

- **企劃概要、開會結果、問題點、現狀……等＝What?**
- **企劃背景、出差目的、原因分析……等＝Why?**
- **預算、廠商、計劃行程、今後應對方式、對策立案……等＝How?**

這裡補充一下，廠商可細分為跟哪裡訂貨＝Where? 又或是向誰訂貨＝Who?，但就廣義來看，都屬於如何實現？How? 的範疇。**所有內容都可用三個疑問詞來分類**。釐清這個本質後，我開始以 What?、Why?、How? 的觀點來編寫文書。

終於，奇蹟發生了！大家對這樣的說明方式都相當滿意。我也從逐漸脫離沙包角色，愈來愈少被打槍了。只要你懂得活用本質，要大幅提升溝通效率並非難事。

思考＋整理＝好評

用了這個方法後，我發現大家都聽得懂我想說什麼，工作流程也愈來愈順利。幾次經驗下來，我也逐漸培養出這樣的習慣，**經常用思考和整理解決三大疑問**。

在進行思考整理時，無論需不需要向人說明，我一定會在腦中先想好要如何解決三大疑問，這些全都是因為 TOYOTA 主管的啟發和紙一張整理術的絕佳效果。

正如我在第二章詳述的，行動比口說更能快速養成習慣。主管的教導×製作文書的實際行動，讓我養成產出型思考整理的習慣，如今一切都變得理所當然。

這個思考整理模式非常好用。只要釐清三大疑問，什麼問題都能迎刃而解，什麼都變得清清楚楚。釐清本質後，說話做事都能變得更有自信。

搞懂管理

「懂」這個字太過籠統，究竟要懂到什麼程度才算完呢？

其實，懂是沒有極限的。就拿電視遙控器來說，相信各位都懂（知道）怎麼使用吧？但是，如果有人問你：「為什麼遙控器可以操控電視？」你回答得出來嗎？能確切說出遙控器機械構造的人應該不多。就這點而言，你根本就不懂遙控器。

假設你能說明機械構造，人家還是能繼續追問：「這樣的機械構造為何有操作的效果？」只要他想問，問題要多少有多少。在沒完沒了的情況下，就必須幫「懂」畫出一條界線，當理解到這個程度就算懂了。

我將這個方式稱作「搞懂管理」，我所設立的界線就是，釐清三大疑問。有了這條界線，思考整理時就不會這麼迷惘了。而且，你會發現自己搞懂的事情愈來愈多，很多事情都能說明清楚，做事也不再優柔寡斷。

有自信後你會發現，周遭開始對你有好評價。想成為產出型的商務人士，請務必培養成釐清三大疑問的好習慣。

2W1H理解法

基礎篇告訴我們，學習是思考與整理的累積。加上第二章的內容，我們可以得到**學習只要釐清三大疑問即可**的結論。接下來只要向人說明自己搞懂了什麼，大多人都能感到茅塞頓開。

為什麼我會選擇這三個疑問詞呢？這其實是有學問的。因為人通常都是從這三個當中的其中一個角度來理解事情。你喜歡問 Why 來追究原因嗎？還是查詢大量實例，用個案研究來釐清 What 呢？又或是你非常在意 How，每天把怎麼做、會變成怎樣、然後呢掛在嘴邊嗎？

你屬於哪一種呢？你的學習方式是否特別偏向某個疑問詞呢？若只是用自己偏好的方式來輸入情報和資訊，是無法做到有問必答的。為了解決這個問題，就必須用多個角度學習事物。五六個太多，三個恰恰好。

想要徹底理解事物時，請習慣性地釐清 What?、Why?、How? 這三個疑問詞。這麼一來，無論對方的理解方式多麼偏頗，你都能說到他聽懂，進而對你產生不以偏概全、說話清楚明瞭的正面印象。

請各位務必用下一章的3Q產出執行表來體會這份驚喜。第三章內容可濃縮成**產出＝透過思考整理釐清三大疑問**。迫不及待想要執行看看了嗎？我們下章見！

第 4 章

3Q產出執行表：化被動吸收為精準產出

你能解決這三個疑問嗎？

接下來我要介紹的，就是紙一張學習系統中的第二部分**「3Q產出執行表」**。

這裡的「Q」是「Question ＝疑問」的意思，「3Q」就是第三章的「三大疑問」。

在說明前，我們先來看看第二部分與第一部分之間的連結。基礎篇中所介紹的二十字濃縮術，可幫助我們累積大量的彙整句，也就是可接在簡單來說、總而言之和歸根究柢等詞的後方。

可是呢，在向別人說明時，只用二十字很難說到人家聽懂。但這可不代表「二十字濃縮術」對「產出」沒有幫助喔！因為我們要先用二十字濃縮術簡化內容、釐清本質，然後再添加必要項目，才能說明給別人聽。這裡的必要項目，就是第三章提到的三大疑問＝3Q。而本章要介紹的，就是3Q產出學習法的執行表。

首先，請各位將圖4-1的執行表畫在紙上。3Q產出學習法的重點在於1P?（用一句話說？）附近的三個問句，Q1、Q2、Q3各為What?、Why?和How?。

接下來請各位看九十五頁的圖4-2。之前，我曾用我的第四本書《成功語錄超實踐！松下幸之助的職場心法：從思考優先轉為行動優先的「紙一張」思考工作術》（寶鼎出版）為題開班授課，這張就是當時上完課後，學員交給我的執行表。

在第二章時，我是以閱讀書籍當作例子。但是，紙一張學習系統其實是可以運用在課程和演講等聆聽式學習。以下的句子就是學員上完課後，實際使用執行表在公司報告的內容：

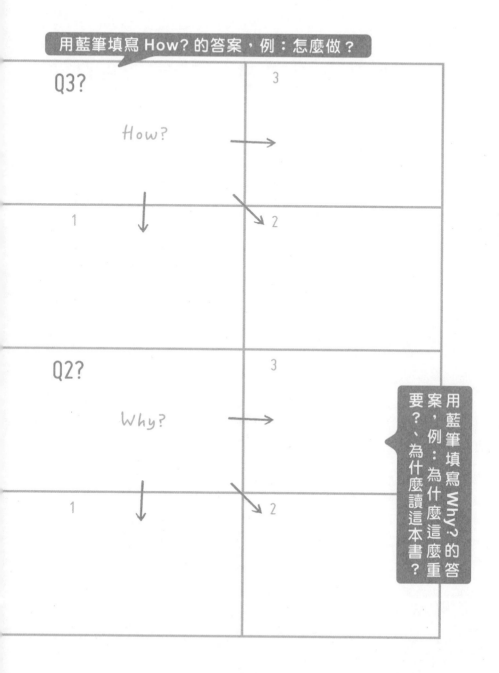

用藍筆填寫 How? 的答案，例：怎麼做？

Q3?

3

How?

1

2

Q2?

3

Why?

用藍筆填寫 Why? 的答案，例：為什麼這麼重要？、為什麼讀這本書？

1

2

圖 4-1 3Q 產出執行表

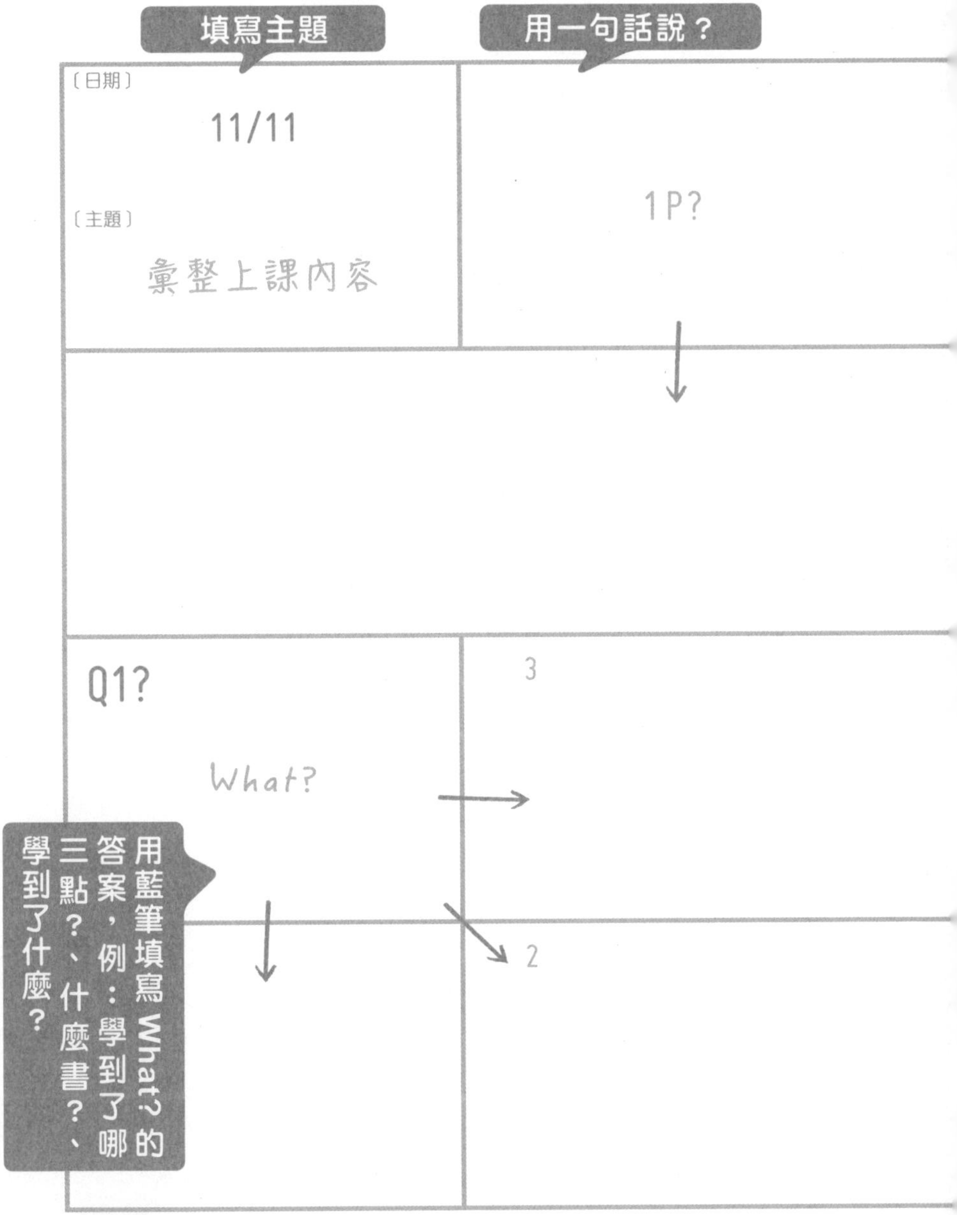
填寫主題
用一句話說？
〔日期〕
11/11
〔主題〕
彙整上課內容
1P?
Q1?
What?
3
2
用藍筆填寫 What? 的答案，例：學到了哪三點？、什麼書？、學到了什麼？

之前我去上了淺田卓老師的課，這堂課主要是在講解《成功語錄超實踐！松下幸之助的職場心法：從思考優先轉為行動優先的「紙一張」思考工作術》這本書。在此向大家報告當天的上課內容。

簡單來說，上完這堂課後，我有生以來第一次抓到松下幸之助名言的運用精髓。我會報名這堂課，有三個原因。

第一，我從以前就是松下幸之助的鐵粉，也是他的忠實讀者。

第二，雖然我是「松粉」，卻無法將松下的教誨、理念運用在工作上，我一直很想改善這個問題。

最後，這堂課的講師是淺田老師，老師是商務教育界的佼佼者，我相信他一定能幫我解決煩惱。

我在這堂課學到了什麼呢？主要可彙整成以下三點。

第一，集思廣義。淺田老師以該理念為基礎，設計出獨有的「紙一張會議術」，並透過實作教導我們執行方法。

第二，下雨就得撐傘。老師將這句松下幸之助的名言拿來跟 TOYOTA 的問題解決手法做比較，真的是收穫良多。

圖 4-2 彙整上課內容

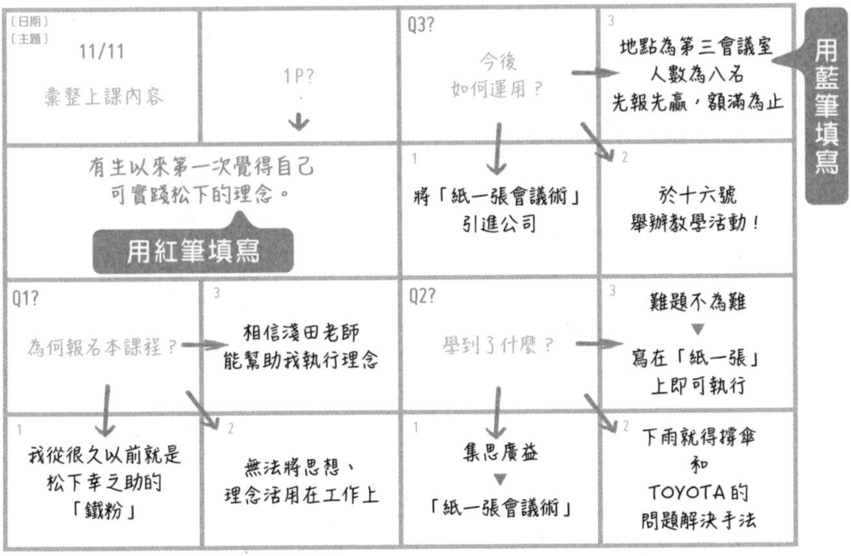

〔日期〕
〔主題〕
11/11
彙整上課內容
1P?
有生以來第一次覺得自己
可實踐松下的理念。
用紅筆填寫
Q3?
今後
如何運用？
3
地點為第三會議室
人數為八名
先報先贏，額滿為止
用藍筆填寫
1
將「紙一張會議術」
引進公司
2
於十六號
舉辦教學活動！
Q1?
為何報名本課程？
3
相信淺田老師
能幫助我執行理念
1
我從很久以前就是
松下幸之助的
「鐵粉」
2
無法將思想、
理念活用在工作上
Q2?
學到了什麼？
3
難題不為難
寫在「紙一張」
上即可執行
1
集思廣益
「紙一張會議術」
2
下雨就得撐傘
和
TOYOTA的
問題解決手法

第三，難題不為難。這句話是在講述正面思考的重要性，但要如何做到正面思考呢？老師親身示範如何用紙一張來正面思考，方法簡單到令人不可置信。

最後，我要向大家說明，我之後打算如何將這堂課學到的東西運用在工作上。

我預備將「紙一張會議術」引進我們公司，下週十六號我會在第三會議室舉辦「紙一張會議術」的教學活動，最多可接受八人報名，先搶先贏，額滿為止。

這個方法非常簡單，只要試過一次就能學會，請各位務必調整行程踴躍參加。

我的報告到此結束。

各位覺得如何呢？這樣的報告方式，是不是非常簡單明瞭，給人一種菁英感呢？

只要改用這樣的方式說明事物，你在公司裡的評價就會愈來愈好。**說明能力是提升你職場評價的原動力**。想成為辦公室裡的人氣王嗎？快來練習3Q產出執行表吧！

01 列出三大問句

接下來，我將以圖4-2的執行表為例，為各位詳細講解每個欄位的內容。

首先，請各位瀏覽Q1?、Q2?和Q3?這三個欄位中，用綠筆寫下的三個疑問句。

- Q1：為何報名本課程？
- Q2：學到了什麼？
- Q3：今後如何運用？

這三個問句可不是隨便亂寫的喔！每個問句對應的疑問詞如下：

- **Q1：為何報名本課程？ → Why?**
- **Q2：學到了什麼？ → What?**
- **Q3：今後如何運用？ → How?**

疑問詞的順序是可以調換的，比方說，這張執行表的問句順序並非前述的What?、Why?、How?，而是Why?、What?、How?。建議各位可以試試看各種組合，看哪一種順序最適合自己。慢慢你會發現，自己跟這三個疑問詞愈來愈熟，愈寫愈麻吉。順序不是最重要的重點，最重要的是透過思考和整理來釐清這三個問句。

產出學習法其實就只有三個步驟：填寫執行表↓深思↓回答，只要成功過三關，就能將學到的東西彙整說明給別人聽。

在這張執行表上，每個問題各有三個答案欄。也許你有很多東西想分享給大家，但對方能接受的量有限，過多的關鍵字只會模糊焦點。這也是我們限量三個的原因：三個疑問句，各三個答案。

看完基礎篇後，相信各位已經了解限制的重要性。在限制的輔助下，才能將思緒去蕪存菁，進而磨練出卓越的說明能力。

02 填充題

寫完 What?、Why? 和 How? 三大問句後，就可以開始寫填充題了。這張表跟二十字濃縮表一樣，IP? 欄用紅筆，答案欄則用藍筆。如果你是要彙整上課內容，請在上課前先填好為何報名本課程？的三個答案欄。

用圖 4-3 來說，就是先填好Ｑ１。為什麼要先填呢？因為這樣才能先釐清

圖 4-3 寫下目的

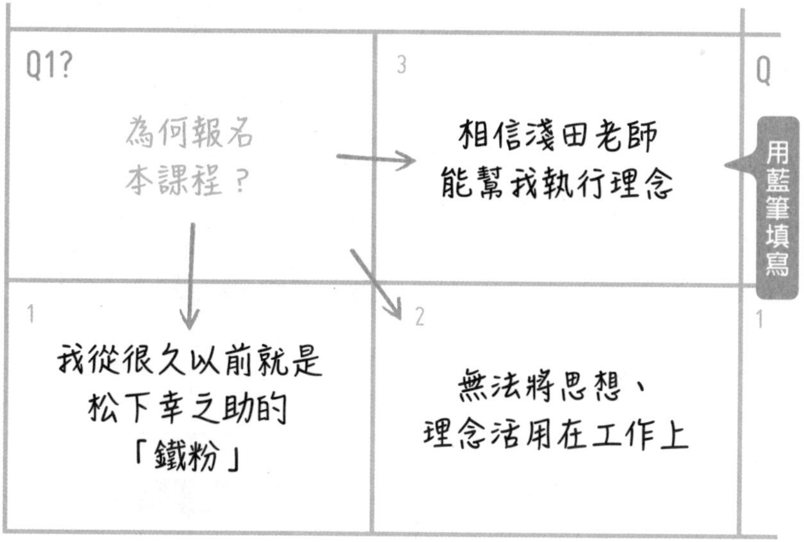
Q1?
為何報名
本課程？
3
相信淺田老師
能幫我執行理念
Q
用藍筆填寫
1
我從很久以前就是
松下幸之助的
「鐵粉」
2
無法將思想、
理念活用在工作上
1

目的。確定Q1?的答案後，就可以去上課了。

在這裡要介紹兩種上課做筆記的方法給大家。

第一種是簡易型。你可以維持原來的筆記方式，上完課再填寫執行表上剩下的欄位。第二種是二十字型，也就是運用基礎篇中介紹過的，**邊聽講邊填寫二十字濃縮表**。

若要使用這個方法，請額外準備一張二十字濃縮表。填寫時，P?欄空著即可。如果要寫，可寫「完成『3Q產出執行表』」。不然，不需要特別寫。做好這些事前準備後，就可以正式上課了。

圖 4-4 兩種填寫 3Q 產出執行表中的 1P? 欄的方法

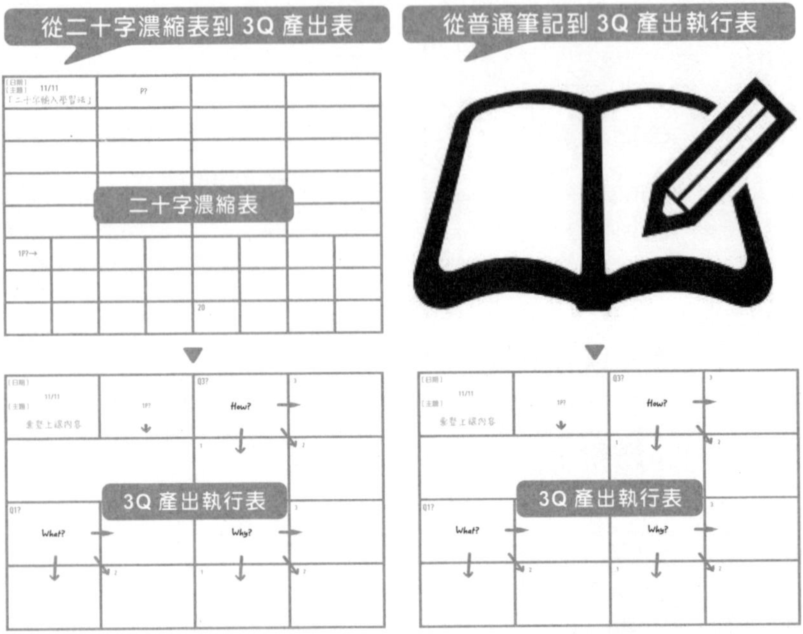

上課時請注意聆聽，只要老師一提到跟目的有關的關鍵字，就立刻用藍筆寫進執行表的關鍵字區。

注意到了嗎？不是老師特別強調的關鍵字，而是有助於達成目的的關鍵字，可別本末倒置了。

若無法達成目的，上這堂課可就沒有意義了，你所投入的金錢、時間、精神都會化為烏有。

因此，請務必去蕪存菁，不要將跟達成目的無關的字填入欄中，這樣才能把字數量控制在十六字以內。

要習慣這種學習方式，或許得花上一點時間。但熟能生巧。各位進修、參加課程時，請務必抓緊機會練習。

03 完成二十字濃縮表

上完課後，請繼續將二十字濃縮表寫完，用紅筆填寫 1P? 欄，將字數控制在二十字內，之後再將這段話抄到3Q產出執行表上。寫完二十字濃縮表後，要回答 Q2?：學到了什麼應該不難。最後只要填完 Q3?：今後如何應用，就大功告成了！

時間方面，請在五到十分鐘之內完成。這麼一來，你就能精簡明白地向別人說明以下四點：

● 簡單總結

圖 4-5 將二十字濃縮表上的內容抄到 3Q 產出執行表上

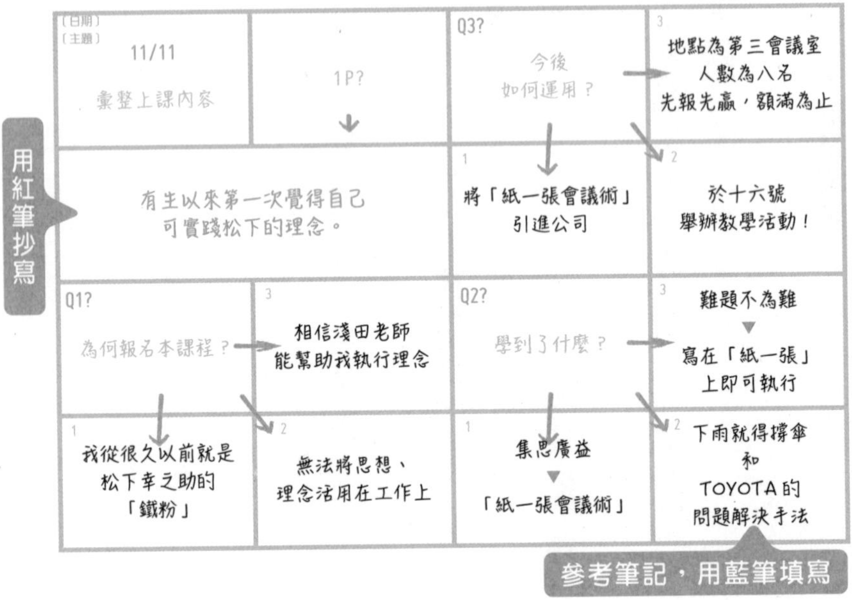

〔日期〕
〔主題〕
11/11
彙整上課內容
1P?
Q3?
今後
如何運用？
3
地點為第三會議室
人數為八名
先報先贏，額滿為止
用紅筆抄寫
有生以來第一次覺得自己
可實踐松下的理念。
1
將「紙一張會議術」
引進公司
2
於十六號
舉辦教學活動！
Q1?
為何報名本課程？
3
相信淺田老師
能幫助我執行理念
Q2?
學到了什麼？
3
難題不為難
寫在「紙一張」
上即可執行
1
我從很久以前就是
松下幸之助的
「鐵粉」
2
無法將思想、
理念活用在工作上
1
集思廣益
「紙一張會議術」
2
下雨就得撐傘
和
TOYOTA的
問題解決手法
參考筆記，用藍筆填寫

- **為何學習**
- **學到了什麼**
- **今後如何運用**

別懷疑，就是這麼簡單！只要學會填這張表，你就能成為簡明扼要的說明高手。

看到這裡，各位有什麼感想呢？至於做筆記的方式，我建議將二十字濃縮表跟3Q產出執行表結合使用。

如果你覺得太困難，也可採用習慣的筆記方式。總而言之，就用最適合你、最容易成功的方式去做吧！

Point 書寫注意事項

在填寫3Q產出執行表時，請特別注意以下三點。

第一，1P?欄可以最先寫，也可以最後寫。剛才的例子是彙整完才開始填寫，所以一開始就寫了1P?。相反的，有些主題則是要回答完3Q，才能彙整出1P?。

各位今後在填寫3Q產出執行表時，應該會常常遇到必須先填寫Why?的案例，像是為何報名這套課程？、為何讀這本書？、為何買這個東西？等等。但有時也會碰到相反的狀況。

比方說，開始閱讀後、實際上過課後，才知道自己為何而學。一百個案例就有一百種狀況，不用太執著填寫順序。過程不重要，只要能夠填完即可。

第二，遇到瓶頸時，可使用其他執行表輔助。假設你填完What?和Why?的答案欄後，卻對How?毫無想法，這時該怎麼辦呢？

建議各位可參考圖4-6，用綠筆畫表格來協助思考。畫完表格後填寫主題，以前面的案子為例，就是「今後如何運用？」。

用藍筆寫好關鍵字後，用紅筆從中圈選出幾個較有機會付諸實行的項目。彙整得差不多後，請重新回到3Q產出執行表，填寫Q3?的答案欄，就突破瓶頸囉！

順帶一提，圖4-6這張執行表是我所有紙一張型執行表的原型。之前讀過我的作品的讀者應該都不陌生，之前這個表格名為「Excel 1」。Excel 1的使用方法比較隨興，想到什麼就寫什麼，限制也沒有二十字濃縮表這麼嚴格，所以很多人都對這張表愛不釋手。如果你上課不習慣用二十字濃縮表做筆記，歡迎試試這張Excel。

第三，不要太拘泥欄數。重點在於目的，而不是方法。很多人在用藍筆填寫答案欄時，都會問我說：「一定要填滿三個答案嗎？」

當然，不留白看上去比較美觀，但我之所以將答案欄設定成三個，是因為四個以上不夠簡明扼要，而不是一定要填三個。

也就是說，答案只要不超過三個即可，只填一欄或兩欄也可以。我在上課時，常有學員侷限在正確答案的框架中，看到三個欄位就以為一定要填滿。記住，千萬別勉強自己。硬著頭皮填滿只會讓說明變得更複雜，別人反而

圖 4-6 用 Excel 1 輔助思考

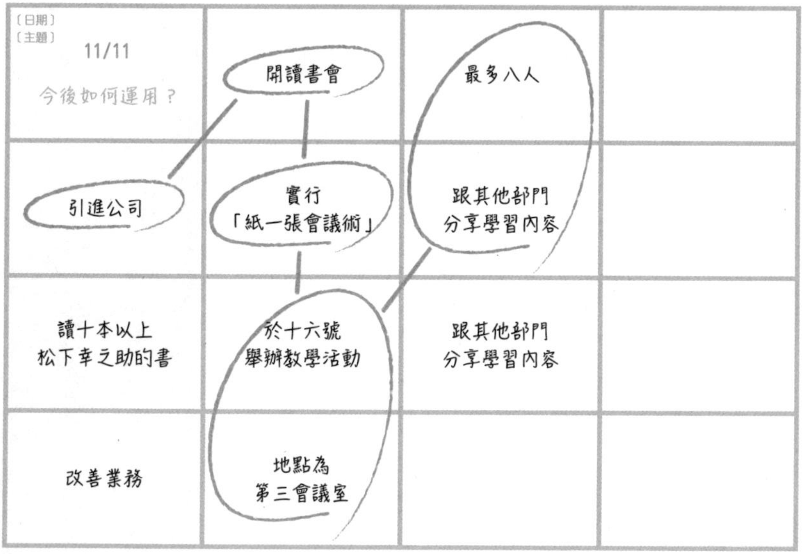

會聽不懂你在說什麼。

在此提醒各位，千萬別想著要填滿，空幾格又怎樣呢？達成目的才是最重要的！

Case 2 化厚書為行動

接下來要介紹第二個案例。這次我要帶大家回到閱讀式學習，以商業類書籍大獎得獎作品——三谷宏治的《經營戰略全史》（先覺出版）為例。這本書的主題是經營戰略的歷史，所以我將閱讀目的訂定為，找出經營戰略的本質。

基礎篇中提到，有陣子我為了找出戰略的本質，閱讀了大量相關書籍，而這本書就是其中一本。之所以拿這本書作為例子，是因為它很厚，日文版總共有四百三十二頁。

很多人一碰到厚書就忘了使用產出學習法，因為這種厚書很容易讓人原本閱讀的目的，讀著讀著就變成以看完為目的了。好不容易看完了，問他讀了什麼，卻是一問三不知。

最近日本的暢銷書榜上也有幾本厚書，像是《人類大歷史》（天下文化出版）有四百八十八頁；托瑪．皮凱提（Thomas Piketty）的《二十一世紀資本論》（衛城出版），更超過六百頁以上。

問題來了。你有辦法將這些大作的內容濃縮在一張紙上嗎？如果做不到，你真的能將這些書的內容，活用在工作上嗎？面對這兩個問題，大部分讀者恐怕都已經舉手投降了吧。

花了這麼多時間才讀完的厚書，若淪為消費型閱讀就太可惜了。廢話不多說，接下來就讓我們運用3Q產出執行表來打造投資型閱讀吧！

彙整順序

請各位瀏覽圖 4-7。

基本上，這張執行表的填寫方式和前面的案例差不多。

閱讀前，先填好 Q1?：為什麼讀這本書。這邊我寫滿了三個：釐清經營

圖 4-7　超過 400 頁的厚書，也能用一張紙搞定

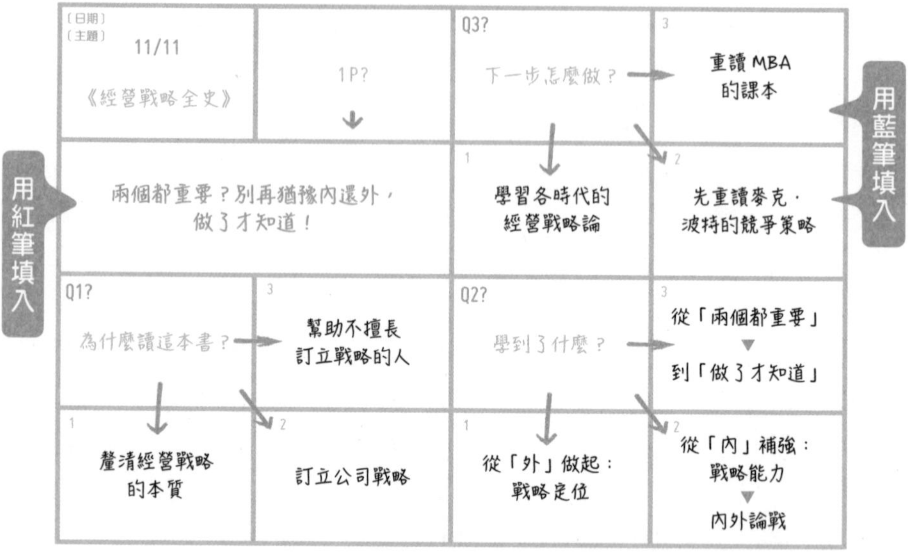

戰略的本質、訂立公司戰略和幫助不擅長訂立戰略的人。

不過，沒有寫滿也沒關係，盡力而為即可。

釐清目的後，請用平常的方式閱讀。跟上課不同的是，閱讀比較難邊讀邊用執行表做筆記。

因此，建議各位先讀完整本書後再填寫二十字濃縮表，再抄寫至3Q產出執行表的1P?欄。

《經營戰略全史》讀起來很順，但因為份量較厚，有些人一天讀不完。中間隔的時間愈長，對目的的印象就愈模糊。

因此，若你必須分好幾天閱

讀，請記得在每次閱讀前瞄一下3Q產出執行表上的目的欄位。

讀完書、填好二十字濃縮表後，請將彙整出的1P?抄寫在3Q產出執行表上，並開始填寫「Q2：學到了什麼？」。若中途遇到瓶頸，可使用Excel 1輔助，想到什麼就寫什麼，最後再整理出需要的答案。

在此要特別提醒大家，在填寫如何運用?的欄位時，一定要特別注意以下兩點：

- **是否有助達成Q1?的目的？**
- **是否包含實際行動？**

前面已多次強調，填寫執行表時，一切應以達成目的為重。但令人驚訝的是，很多人在填寫「今後如何運用？」的欄位時，內容都跟Q1無關。有鑑於此，寫完Q3?後，請務必從頭檢查一遍，千萬別讓自己陷入答非所問的窘境。

書不白讀

在進入第三部分的奧祕篇前，各位必須先建立實際行動的觀念。所以接下來，我想跟各位談談今後如何運用？的第二個注意事項：是否包含實際行動？自從我開始寫商管書，至今已過了四年。這四年來，有件事令我相當錯愕，那就是大多數的讀者都抱著讀完就好的心態在閱讀。如果是小說也就算了，但讀商業類書籍為的就是將書中內容運用在工作上，若只是讀而不做，那不就白讀了嗎？

然而，大多商務人士都不懂這個道理。很多人將學習＝把書讀完，讀完便心滿意足，忘記付諸實行這個步驟。在這樣的情況下，無論書的內容再精闢、再實用都是枉然。好不容易讀完了一本書，卻英雄無用武之地，不禁令人大嘆可惜。

請各位務必將自我的工作觀念升級，只是讀完還不夠，一定要付諸實行和搞懂學會才行。

你讀的文章是否僅止於「理論」？

接下來，我要請各位從書籍、老師和講師的角度來思考。事實上，絕大多數的商管書，都沒有告訴你該如何將理論付諸實行。不信？歡迎到書店親自翻翻看。

- 隨時留意目的
- 站在客戶的角度思考
- 讓理念在組織裡遍地開花
- 抱持捨我其誰的心態
- 負起責任
- 努力思考

老實說，這些文句都僅止於理論，完全沒有教人如何實行。試想，如果今天主管跟你說：「你應該要努力思考，這非常重要。」你應該也是滿頭霧水、不知如何是好吧。

遺憾的是，市面上大多商業類書籍、教材、課程，都只僅止於說漂亮話而已。說難聽一點，教的人沒把話說清楚，學的人當然不會應用。所以，如果你看再多都學不會，也不用太過氣餒。因為有時候問題是出在教的人身上，不是讀者。

化動詞為動作

我將前面那些沒有教你怎麼做的句子定義為動詞，有教你執行方法的句子則定義為動作。

為了幫各位釐清概念並加深印象，這裡的定義比較特別。把這個概念濃縮成二十字就是：**想要付諸實行，你需要化動詞為動作**。

以下是化動詞為動作的具體實例：

〈動詞〉
・隨時留意目的
・站在客戶的角度思考
・讓理念在組織裡遍地開花
・抱持捨我其誰的心態
・負起責任
・努力思考

〈動作〉
↓將目的寫在紙上，隨時確認
↓寫出一百條客戶的想法與感受
↓每天帶員工朗讀你要宣傳的理念
↓寫出業務的目的和社會意義
↓在合約上明確寫下失敗時如何負責
↓反覆練習二十字濃縮術

為求簡潔與通用性，這裡寫得較為簡短。建議各位實際在化動詞為動作時，可使用更多文字，選擇最適切的表達方式。

看完上面的示範，各位應該都已抓到精髓了吧？有了可讓人付諸實行的動作，這些句子才有意義。我們不是學者，也不是小說家，所以不用追求嚴謹的用詞，也無須講究優美的文字。

自問自答行動法

回到〈Case 2〉。一般來說，Q 3？的 How 問句都跟行動有關，像是如何執行、如何運用、今後要怎麼做等等。因此，在回答 How? 時，必須特別注意有無具體動作，也就是能否實行。以本案為例，「重讀麥克・波特的競爭策略」就說得非常清楚。

圖 4-2〈Case 1〉的「於十六號舉辦教學活動」也是具體的動作。那如果是「將方法或理念引進公司」呢？碰到這種太過籠統的句子，請各位務必自問自答，也就是**具體來說，要用什麼方法引進公司呢？**

自問自答到一個程度後，自然就會浮現具體的方法。之後只要歸納出結論，填入Q 3？的答案欄即可。這個案例告訴我們動作比動詞更好理解、更容易實行。

化動詞為動作是第三部分：奧祕篇的重要關鍵字，還請各位特別留意。

Case 3 用屬於你的方式學習

接下來要跟各位介紹3Q產出學習法的第三個案例。

〈Case2〉示範了如何將厚書濃縮在一張紙上，相信有讀者會疑問：「可以只彙整書裡的『部分內容』嗎？」如前所述，一切以達成目的為重，所以當然是可以的。

還記得第一章提到的彼得．杜拉克《杜拉克談高效能的5個習慣》的第二章〈了解你的時間〉嗎？這裡將以該章為例，為大家示範如何彙整部分內容。

請各位瀏覽圖4-8。

填寫順序基本上與前例差不多。不過，這個案例對我而言比較特別，因為我讀過這本書好幾次，早已將內容記在腦海裡。首先，我以釐清時間管理的本

圖 4-8 彙整彼得．杜拉克《杜拉克談高效能的 5 個習慣》的第二章內容

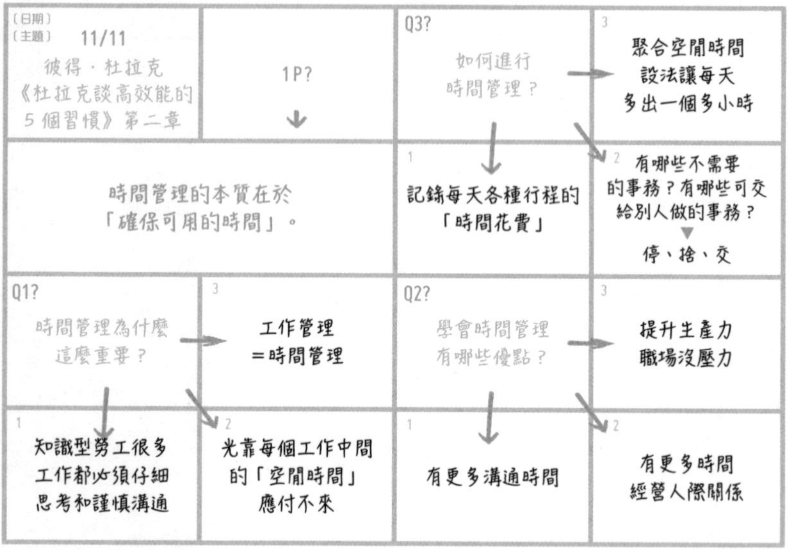

質為目的，重讀了一遍第二章。

填完二十字濃縮表後，將1P?抄到圖4-8的3Q產出執行表上，然後開始填寫三個疑問。

看到這裡一定有人心想：「你在說什麼啊？跟前面的順序根本不一樣啊！」沒錯，我沒有先填Q1?，也沒有邊看書邊填關鍵字。

我想強調的是，3Q產出學習法並沒有固定的順序，你大可依自己的喜好調換。

不管主動、被動，都能使用紙一張整理術

舉例來說，圖 4-9 就是將〈Case 2〉改變順序後的結果。這張表將Q1？和Q2？調換順序，問題順序從原本的 Why?、What?、How? 變成了 What?、Why?、How?。這種彙整方法也是可行的，只要能解決三大疑問即可。

相信看到這裡，各位再度明白目的的重要性。但要知道，並非所有學習都是主動的，有時我們也會基於這本書好像很有趣、這本書賣得超好、公司規定要看這本書等等的被動因素而閱讀。

被動式學習能使用紙一張學習系統嗎？答案是可以的。只要像圖 4-9 一樣換個問法、調換順序，一樣可以大功告成。

整理方式不止一種，建議各位可以多方嘗試，用各種問法和順序來解決不同狀況。

圖 4-9　不同問法有不同的彙整方法

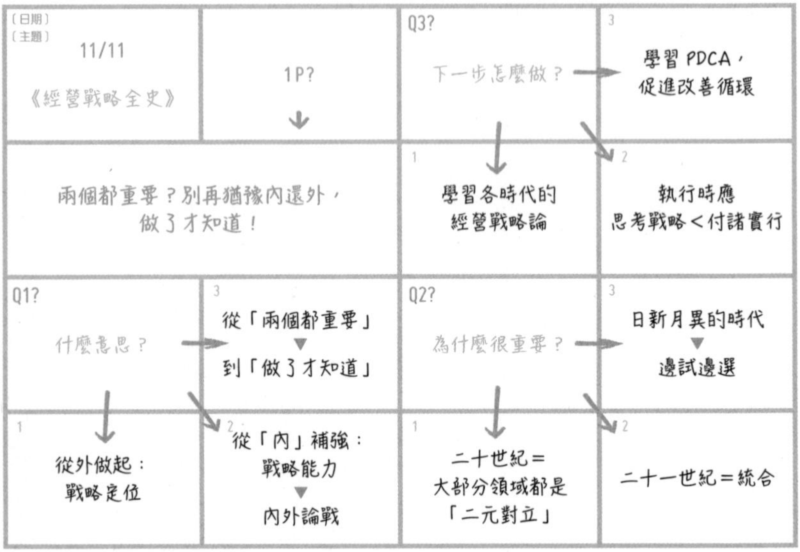
〔日期〕
〔主題〕
11/11
《經營戰略全史》
1P?
兩個都重要？別再猶豫內還外，
做了才知道！
Q1?
什麼意思？
3
從「兩個都重要」
到「做了才知道」
1
從外做起：
戰略定位
2
從「內」補強：
戰略能力
內外論戰
Q3?
下一步怎麼做？
3
學習PDCA，
促進改善循環
1
學習各時代的
經營戰略論
2
執行時應
思考戰略＜付諸實行
Q2?
為什麼很重要？
3
日新月異的時代
邊試邊選
1
二十世紀＝
大部分領域都是
「二元對立」
2
二十一世紀＝統合

產出範例

假設你今天要參加讀書會，要如何用圖4-8的執行表上台跟大家報告呢？

我讀的是彼得・杜拉克所寫的《杜拉克談高效能的5個習慣》。這本書提到了各式各樣的工作本質，這次我將閱讀重點放在時間管理，與各位分享我的彙整內容。

杜拉克認為什麼是時間管理的本質呢？用一句話來說就是，如何確保可用的時間。

這點之所以如此重要，是因為

對知識型勞工而言，大部分工作都必須仔細思考和謹慎溝通。既然必須仔細、謹慎，就代表非常花時間，光靠每個工作之間的空閒時間是應付不來的。

對知識型勞工而言，工作管理就是時間管理，所以時間管理非常重要。而進行時間管理的目的就是確保可用的時間。只要做到這一點，就能有更多時間與人溝通，挪出更多時間去經營人際關係。

各位是不是也被時間壓力壓得喘不過氣呢？聚合可用的時間是提升生產力的重要條件。

讀完本書後，我開始在公司執行三種時間管理方法。

第一，我按照書中所教，鉅細靡遺地記錄每個行程所花費的時間，藉此掌握自己花了多少時間。

第二，問自己有哪些是不必要的工作？有哪些是可以交給別人做的工作？停止做不必要的事、捨棄不需要的工作、將事情交給別人做。

第三，每幾個月就重組一次行程，設法聚合空閒時間，讓自己每天多出一個多小時可用。

現在，我的時間壓力已經沒有那麼重了。目前我也還在摸索中，希望這次的分享內容，能提供給同樣有時間管理煩惱的朋友參考。

這篇文章是我在某個讀書會上的分享內容。猜猜看，當下聽眾有什麼反應呢？那是我第一次參加這個活動，大家聽了我的報告都非常感動。「這是我聽過最簡單易懂的讀書分享。」「你一下把我們讀書會的難度拉太高了，說老實話，之後報告的人有點可憐。」一個年紀大我一輪的成員也不禁讚嘆：「天啊！你是何方神聖？」

短短的幾分鐘，我就成了該讀書會的耀眼新星。我認識很多積極參加讀書會的商務人士，但老實說，他們都無法做到這個程度。只要學會3Q產出學習法，就能讓你瞬間展露鋒芒。

目前的暢銷書排行榜，多得是以提升說明力為主題的書。可見很多商務人士都覺得產出很難。當然，加強產出力有很多方式，每個人都有自己的選擇。

但是，本書的方法才是最佳選項。所以，從填寫「紙一張」開始吧！用簡單學，方便做的三大執行表，幫助你從被動吸收↓主動產出↓付諸行動。

接著，就要進入更精華的第三部分了！

第 5 章

工作有貢獻才有價值

自我投資不等於賺錢？

二〇一二年十月，我成為個人創業家，自己當老闆。大學畢業後，我先是進到 TOYOTA 海外部門服務，之後轉到設有工商管理碩士班的 Globis 商學院工作。三十歲那年，我自行創業，至今已來到第七個年頭。

我們公司是做什麼的呢？簡單來說，就是社會人士的教育與培育。我是顧問、講師，同時也是作家，專門推廣有助於提升工作效率的商務技能。如今我們已順利擴張事業版圖，除了日本國內，也會到國外開課演講。

相信很多人都好奇，我的創業路是否一帆風順？其實沒有，公司剛成立的第一年，我根本賺不了什麼錢。為什麼賺不到錢呢？當時我學了很多對工作有幫助的技能，像是上班族工作術、創業必備知識等等。

除了買書來看，我還在網路上搜尋影片、購入教材，並報名創業課程、讀書會，甚至申請一對一諮詢。我用盡所有方法，嘗試過各種價位，全心投入學習。我從學生時代就是書蟲，每年看超過五百本書。

出社會後，我規定自己**每年至少花年收入的百分之十進行自我投資**。我用這些錢全方位開發自我能力，並學習各種跟創業有關的知識。即便如此，剛創業時，我每個月還是賺不到十萬圓，這是為什麼呢？因為我學了一堆東西，卻不知道怎麼用。

是學以致用還是學了沒用？

最後請容我再問一次：為何無法化自我投資為金錢呢？之所以要一問再問是因為，只要釐清這個答案，就能夠解決你的問題。

好了，我的失敗談到此為止，接下來就是你們的思考時間了。來填寫執行表吧！請各位參考一百二十五頁的圖 5-1，用綠筆畫出三個我們在第二部分介紹過的 Excel 1 執行表。畫好後，請用藍筆分別在欄內填寫以下三個問題的答案，又或是有助找出答案的關鍵字。

- **你為什麼要工作？**
- **你最近在工作上遇到哪些困難？**
- **你最近正積極學習哪些事物？**

填寫時不要想太多，一張表不要花超過三分鐘。無須追求正確答案，想到什麼就寫什麼。寫完後，請用紅筆圈出你覺得特別重要的三個關鍵字。填完三張即算完成。

這麼做能幫助你認識自己的工作觀。看到這些問題，你的腦中浮現出哪些關鍵字？又覺得哪些特別重要呢？請務必找出屬於自己的答案。

圖 5-1　Excel 1 釐清無法學以致用的原因

〔日期〕11/11 〔主題〕為什麼要工作？	為了讓自己進步成長	貢獻社會	
在嚴苛的環境中競爭	為了累積職場經驗	都已經是大人了 當然要工作	
獲得成就感	為了成為國際人才	為了樂趣	
為了賺錢	為了自我實現		

用藍筆寫

用紅筆圈

〔日期〕11/11 〔主題〕在工作上 遇到哪些困難？	同事得過且過	經費多有浪費	不擅時間管理
業績門檻過高	業界規模縮小	公司提供 的課程不足	沒時間精進自我
經常加班	年輕人很快就辭職	開太多會	製作英語文書
老闆沒遠見	徵不到優秀人才	與客戶的老闆 溝通不良	

〔日期〕11/11 〔主題〕正積極 學習哪些事物？	專業知識	英語報紙	
專業證照	英語（多益）	投資虛擬貨幣	
其他公司的動向	說明報告的能力		
提升實務能力	英語聽力		

業績是誰創造的？

以前我投入了大量的時間與精力在自我投資上，卻無法運用，其實有一個最主要的原因，那就是我並未打從心底了解濃縮句的意義。簡單來說，就是我無法領會自己彙整出來的句子。在接下來的章節中，領會二字非常重要，還請各位特別注意。

剛創業時，我未能領會的濃縮句是下面這句話：**單靠一個人的力量，是沒辦法提升業績的**。

相信很多讀者看到這十八個字一定是目瞪口呆，心想：「這不是理所當然的嗎？你在講什麼廢話？」

別急，接下來請聽我娓娓道來，消除你心中的疑慮。

你為誰工作？

當初我之所以離開公司自己創業，是為了擺脫傳統公司的倫理觀念和人際關係。我想要活出自己的樣子，不依賴公司、他人和社會。我想要掌握自己的人生。

- **分享自己的強項、喜好與技能**
- **打造嚮往的工作環境，用自己喜歡的方式與風格賺錢**
- **活出自己的樣貌**

我是為了追求自由而創業的。你是否也嚮往著自由呢？

但是，各位發現了嗎？我創業的動機全都是為了自己，完全沒有站在他人的角度思考。每一個動機都是以自己為出發點，分享自己的強項、用自己喜歡的方式、活出自己。

當然，我不是沒有貢獻他人的想法，但都僅止於想而已，並沒有行動。我深知經營理念和願景的重要性，也明白要成功就必須胸懷大志。但現在回頭想想，當時我只是「出一張嘴」罷了。說得都很好聽，卻未能領會真意。

剛創業時，我被活出自己的樣貌這句話沖昏了頭，一心只想自我實現，展現自己的才能。

這其實是初期創業者的通病，最麻煩的就是，自己根本難以察覺。這種狀況下，當然無法吸引有才能的人。

當時我已學會基礎篇和應用篇中的所有技巧，懂得有效率的輸入和產出。這時，可能又有人會問：「那會不會是你不夠主動呢？」並不是。那時我幾乎每天發電子報，在部落格上發文，也積極地開設課程，卻乏人問津。

就這樣，我的存款日漸減少，眼看就要陷入財務危機。幸好，我在存亡之時及時領會了工作的本質。

田坂廣志的教誨：工作是什麼？

那麼，工作的本質是什麼呢？工作究竟是什麼？我們為何而勞動？下面的句子就是我整理出來的基礎概念：**工作是為了讓周遭人輕鬆**。

這句話出自多摩大學研究所教授兼 Think Tank Sophia Bank 代表・田坂廣志先生，也是我剛出社會第一年就學到的觀念。

日文的工作寫作「はたらく（働く，hataraku）」。日文的「はた（hata）」有「周遭人」的意思，「らく（raku）」則是「輕鬆」之意。因此，「はたらく（hataraku）」就讀音來說，可解釋成讓周遭人輕鬆的意思。

那年我即將成為社會新鮮人，就職典禮的前一天晚上，我還記得那天是三月三十一日，我在愛知縣豐田市一間舍齡超過四十年的老舊宿舍中，邂逅了這句話。

當時我住在比兩坪大一點的房間，想著隔天就要成為社會新鮮人了，心裡充滿期待與不安。現在想想，我覺得自己真的非常幸運，竟這麼早就接觸到這個觀念。

那時我只是大企業裡的一名小職員，根本無法直接與客戶接觸，身邊就只有幾位上司和同事，以及相關部門同仁。即便如此，這句話還是拯救了當時的我無數次。二十幾歲是很容易自以為是的年紀，這個觀念時常為衝動的我踩煞車，讓我引以為戒，從中學到教訓。

各位讀者之中，如果也和當時的我一樣，沒什麼機會跟客戶接觸，請務必認真看完接下來的內容。

職員是領公司的薪水過活，與創業家的身分不同。對創業家而言，讓周遭人輕鬆具有更重要的商業意義。說得極端一點，只有**讓周遭人輕鬆，才能獲取等價報酬（金錢）**。這也是為什麼單靠一個人的力量，沒辦法提升業績的最重要原因。

唯有解決周遭人的問題、實現周遭人的願望，才能夠創造業績。只有一個人是做不成生意的。根據《中小企業白皮書》的統計，有四成公司在成立後一年便關門大吉，十名創業者中只有一人能在商場上撐過十年。想要創業，就得面臨這血淋淋的現實。

很多人都跟我一樣，不想被組織束縛，想要擺脫傳統公司的倫理觀念和人際關係，想開創自己的天空。創業需要破釜沉舟的決心，正因為這股對自我實現的渴望，創業者們才能不斷往前衝刺。

就這一點而言，以自我為出發點並非完全不可取。當初若沒有這股衝勁，我也不會下定決心離開公司自己創業。重點在於創業之後，如果還繼續沉浸在自我實現的氛圍中無法自拔，是絕對賺不了錢的。

因為這種我好就夠了的工作觀念，**在根柢上缺乏為人奉獻的動機**。工作並非自我實現，而是貢獻他人，這一點還請各位銘記在心。

讓周遭人輕鬆應該從平時做起、從小事著手。隨著頻率和質量的上升，你會發現自己有愈來愈多的機會獲取報酬，且金額不斷攀升。說來慚愧，我一直等到身陷財務危機時，才終於領悟到這個道理。

在這裡我要稍微補充一下，早在就職典禮的前一天，我就有了工作是為了貢獻他人的觀念。所以我從小職員時代開始，就比其他同事更懂得貢獻他人。之後，公司讓我轉到志願部門並外派美國，還讓我參與一項勇奪日本第一的企劃案。

決定你的升遷和薪水的是別人，不是你自己。唯有抱持貢獻他人的精神，周遭人才不會扯你後腿，並願意給你機會。這時，你只要運用基礎篇和應用篇磨練出的能力，好好做出成果，之後就會有更大的機會等著你，形成工作的良性循環。

在別人手下工作的那幾年，我深深體會到工作就是貢獻他人的重要性。然而，當我自己成為老闆時，卻把這件事忘得一乾二淨。因為對我而言，創業是足以影響一生的重大決定，我得投入極大的決心才能夠下定決心，導致我沒有心思管別的事情。

我是比較幸運的那一個，創業後雖然自我迷失過，之後反而獲得更深的體悟。但在此還是要提醒大家：有備無患。眼看著存款一天比一天少真的是壓力山大。

重新認清工作的本質後，我的工作方式出現一百八十度大轉變，就連部落格發文的出發點也與之前完全不同。以前我發文都是以自己為出發點，像是：「我開發出一套非常有趣的商務技能喔！有人有興趣嗎？」然而開竅後，我的說話方式從自我滿足轉為貢獻他人：

「如果你有上述煩惱，可利用這些方式解決。」

「釐清這個本質能幫助你實現願望。」

「只需三個關鍵字，即可充分理解這個主題。」

如何？是不是前後差很多呢？我並沒有刻意改變說話方式，這些都是我心態改變後，自然而然脫口而出的話。

之後，愈來愈多部落格讀者報名我的課程。某位出版社編輯看了我的部落格後邀我出書，很多人讀了我的書後報名課程，其他出版社也紛紛向我邀稿。我的事業版圖不斷擴張，這才有了今天這樣亮眼的成績。

扭轉工作觀：自我實現↓貢獻他人。我當年的願望如今都已如數實現。只要你願意將出發點由自轉他，反轉人生絕對不是夢！

我們工作究竟為了誰？

為什麼我要特地跟各位分享這段往事呢？因為我希望你也能誠摯地面對這個問題。

接下來，我們來看看貢獻他人這個觀念，在你的工作理念中占有多少比重。方法很簡單。剛才我已請各位用紙筆幫以下三個問題圈選出三個答案——

- **你為什麼要工作？**
- **你最近在工作上遇到哪些困難？**
- **你最近正積極學習哪些事物？**

你用紅筆圈選出的九個答案中，有幾個是以貢獻他人為出發點呢？

以第一題為例，如果你的答案是，為了讓自己進步成長、為了累積職場經驗、為了買想要的東西、為了自我實現、為了輕鬆過活，這些答案都不屬於這個範疇。

如果答案是，幫助更多人創造自由人生、透過新的產品服務推行社會改革，提升世間效率、打造對女性工作更友善的社會、實行老闆的理念等等，那就是為了貢獻他人。

第二題則是看你寫了多少，又或是圈了多少周遭人遇到的工作困難。也就是確認你用藍筆寫出來的內容，又或是用紅筆圈選出的項目。如果你一直抱著我好就好的心態在工作，不管是藍筆還是紅筆，比重應該都不高。我猜應該有不少讀者掛零吧。

最後，**你學習事物是以貢獻他人為動機嗎？**如果你平常就抱持讓周遭人輕鬆的心態在工作，應該非常清楚其他人在工作上遇到了哪些困難。

這麼一來，當你在逛書店選書時，自然而然會為他人著想，像是，讀這本書應該可以幫助A解決問題、學習這個方法應該可以幫B突破瓶頸等等，以幫助他人為考量。

如果你因為讀了某書而幫A解決了問題，又或是因為學習某方法而幫B突破了瓶頸，就代表你真的實踐了工作＝讓周遭人輕鬆的理念。

「學」為什麼變不了「錢」？

很多人之所以無法學以致用，是因為輸入出了問題（學了就忘），又或是無法順利產出（無法將學到的東西簡單明瞭地說給別人聽）。但其實再往源頭深究，你會發現更深層的原因，你的工作理念打從一開始就錯了。

如果你工作只追求我好就好，學習也完全不為客戶或周遭同事著想，那麼不管你學習什麼，都是以自我為出發點，缺少一個貢獻對象＝周遭人＝他人。這種情況下，你就不是為了工作需求而學習，所以無論學習了多少東西，都不會用。要比喻的話，就像在大腦裡聘僱了大量的冗員。

相對的，當你抱持貢獻他人的心態在工作，自然就會知道別人遇到了什麼問題、有什麼需求。他們的問題與需求能為你指引學習的方向，進一步知道自己該讀什麼書、該買哪些教材、該參加什麼樣的課程。

之後你只要運用所學，滿足周遭人的需求，即可完成一條貢獻生產線。隨著貢獻日益漸增，你會發現自己的職位愈來愈高，薪水也愈來愈高。還記得前面提到的這句話嗎？**決定你的升遷和薪水的是別人，不是你自己。**

這跟老闆創造業績是一樣的道理。職員的工作本質也是貢獻他人。貢獻他人和累積職場經驗、活出自我人生並不會互相牴觸。

下面這句話雖然有些抽象，但無論你是職員還是老闆都受用。**我好就好是無法做到自我實現的**。就這點而言，你需要的是別人，而非自己。對別人的奉獻，最終都會成為自己的果實。如果你的眼中沒有別人，又要如何追求自我幸福呢？

貢獻型學習

感謝各位讀者一路讀到這裡。我們即將抵達終點。在本章的最後，我想跟大家談談追求學以致用的目的。我們自主學習、自我精進是為了什麼呢？只要你是為了工作而學習，都能用下面這句話做總結——**學習是為了提升貢獻他人的能力**。

接下來要在第六章傳授給各位的，就是「紙一張貢獻學習法」。

第 6 章

紙一張貢獻執行表：任何職場技能都能現學現賣

紙一張貢獻執行表

終於來到第三部分的尾聲。接下來，我要傳授給各位紙一張學習系統的精髓——「紙一張貢獻執行表」。一百四十三頁的圖 6-1 就是本章要介紹的表格，主要由下述五個要素構成：

①**Who?** ＝為了誰（思考整理）？

②**P/W?** ＝要幫他處理什麼樣的問題或願望？

③**PQ?** ＝為達成①②目的的問句是？

④**1P?** ＝用一句話回答③是？

⑤**3Q?** ＝如何用三個問句來說明④的答案？

②P/W?是Problem（問題）／Wish（願望）的簡寫。①和②這兩個項目的主要功能是釐清目的。

③PQ?的P是Purpose（目的），Q是Question（問句）。

④1P?則是1 Phrase?的簡寫，也就是用二十字描述。

最後的⑤3Q?則是針對④的1P?來思考解決三大疑問後會發生什麼事。

如果你沒讀過本書的基礎篇和應用篇就直接接觸這張表格，一定會覺得非常複雜。但如果你是按部就班讀到這裡，看到這張表應該馬上就能明白：**紙一張貢獻執行表就是其他紙一張整理術的集大成**。

相信眼尖的讀者已經發現，①②③就相當於二十字濃縮表的P?：目的。

請各位先具備一個觀念，這張表是用①Who?和②P/W?來取代二十字濃縮表的P?：目的。因為這裡的目的被分為兩個要素，所以新加了③PQ?（為達成①②的問句是？）作為目的總結。

既然名為貢獻學習法，自然是以貢獻他人為主要目的。也因為這個原因，這張表有一個限制，那就是①②兩個目的欄限填寫為誰？和要幫他處理什麼樣的問題／願望。

①②③相當於二十字濃縮表的P?：目的

Who?	①為了誰？
P/W?	②要幫他處理什麼樣的問題／願望？
PQ?	③為達成①②目的的問句是？
1P?	④用一句話回答③是？

3Q?	What?	Why?	How?
P1?			
P2?			
P3?			

透過 2W1H 思考 1P?

圖 6-1 紙一張貢獻執行表

〔日期〕 11/11 〔主題〕 貢獻學習法	

④ 1P? 的答案等同二十字濃縮表的 1P?。當然，跟3Q產出執行表的 1P? 也具有同樣意義。

紙一張貢獻執行表的左半部請以藍筆進行資訊整理，這部分相當於二十字濃縮表的中間區，這一點在之後的實例時會詳細說明。

看到 What?、Why?、How? 這三個疑問詞就知道，⑤ 3Q? 的做法和3Q產出執行表的Q1、Q2、Q3一樣。

看到這裡你發現了嗎？為什麼我要請各位先在基礎篇和應用篇學會二十字濃縮表和3Q產出執行表了吧。**因為基礎篇和應用篇是實行貢獻學習法的前導作業**。

在基礎篇中，我幾乎沒有提到貢獻他人這個詞。因為貢獻他人給人一種難度很高的感覺，我擔心有些讀者看到這個詞會打退堂鼓。要推廣這個方法，也得先有人願意學才行。

基礎篇和應用篇主要是幫大家練基本功，做大量的練習，先跟紙一張整理術混熟再說吧。只要學會二十字濃縮表和3Q產出執行表，接觸貢獻執行表時，就不會措手不及，很快就能駕輕就熟。

紙一張學習系統就是由這三張表格所組成。當然，學會基礎篇和應用篇就已相當夠用。但既然都讀到這裡了，何不連奧祕篇一起收進口袋呢？讓我們一起**改變出發點**，用前幾章培養出的能力為周遭人貢獻心力吧！

01 填寫右上三欄

接下來我們來看看實例，請各位翻到圖 6-2 的執行表。這裡再度使用《生還者希望你知道的事》這本書來當範例。看到我在第二章拿這本書當範例，應該很多讀者都滿頭問號：「這個人不是要教我們如何在職場上學以致用嗎？怎麼會拿災害做例子呢？」

要知道，紙一張貢獻執行表的主角不是你讀的書，更不是你本人，**而是別人，也就是你的同事或客戶**。

在主角不是你的前提之下，只要能達到讓周遭人輕鬆的目的，用什麼當學習素材又有什麼關係呢？素材可以是商管書，可以是網路影片，當然也可以是

圖 6-2 紙一張貢獻執行表範例

〔日期〕11/11 〔主題〕《生還者希望你知道的事》	克服壓力的最佳方法	Who?	一月份調來我部門的下屬 A		
警衛主管瑞克．瑞思考勒	呼吸控制	P/W?	因為不斷粗心犯錯而失去自信		
緊急時刻＝恐慌＜禮貌	逃生．否認＝自信．自尊心	PQ?	如何幫他找回自信？		
動腦＝反覆練習	大量＜單個的教訓	1P?	身處陌生環境當然會犯錯，改變心態再出發。		
不熟悉的環境＝被動，判斷力降低	南亞大海嘯地震 ▶ 逃到高處	3Q?	Why?	How?	What?
如何戰勝恐懼？＝準備	癱瘓＝毫無反應	P1?	不熟悉的環境	是人都會粗心大意	九一一事件
獲救的可能性＝希望 ▶ 行動的泉源	八個 P	P2?	判斷力下降	用小成果創造小自信	颶風卡崔娜
否認▶思考▶行動	原書名：The Unthinkable	P3?	容易因粗心而犯錯	經常深呼吸	二〇〇四年印度洋大地震

藍筆

用紅筆填寫

藍筆

用藍筆填寫

好幾種教材的組合。

首先我們必須先釐清最重要的目的——填寫執行表右上方的三個欄位。圖 6-2 的主角是，一月份調來我部門的下屬 A。填寫這張執行表的是，A 的主管 B。

A 在以前的部門工作能力備受肯定，是部門的未來之星。然而，他調來現在這個部門後，卻在短短一個月內犯下許多令人無法置信的錯誤。

他本人也因此大受打擊，對這份工作完全失去了自信。B 看到 A 意志消沉的模樣，才決定幫助他恢復信心。

圖 6-3 填寫 Who?（為誰？）、P/W?（問題）、PQ?（目的問句）三欄

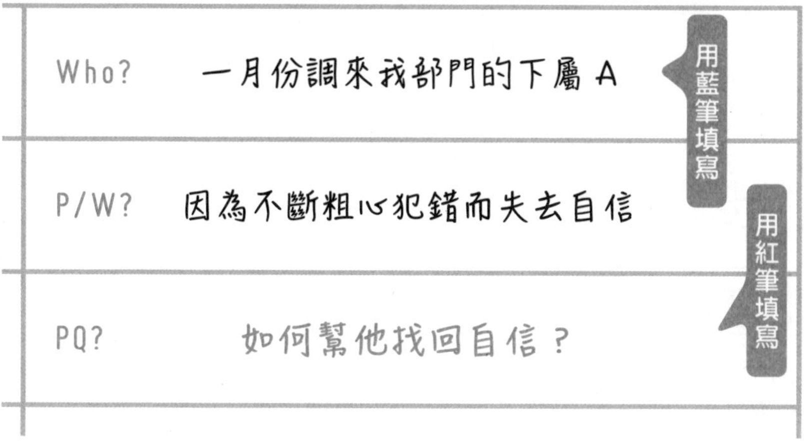

Who?	一月份調來我部門的下屬 A
P/W?	因為不斷粗心犯錯而失去自信
PQ?	如何幫他找回自信？

用藍筆填寫

用紅筆填寫

這一連串故事，正是圖6-2右上方的三個欄位——Who?、P/W?和PQ?。內容請見圖6-3的放大圖。釐清目的後，B突然想到，以前自己曾讀過瑞普立所寫的《生還者希望你知道的事》，這本書的內容或許能解決A的問題。

當然，這本書的主題並非如何找回自信。但只要你感到其中存在一絲絲可能性，都可以試著寫寫看。

別忘了，這一切都是為了貢獻他人。再怎麼損失，也只是損失寫一張紙的時間，別考慮太多，放膽去做吧！

圖 6-4 紙一張貢獻執行表的填寫方式

用紅筆圈選，進行思考整理：在陌生環境犯錯是在所難免。

(日期) 11/11 (主題)《生還者希望你知道的事》	克服壓力的最佳方法	Who?	一月份調來我部門的下屬A		
警衛主管瑞克．瑞思考勒	呼吸控制	P/W?	因為不斷粗心犯錯而失去自信		
緊急時刻＝恐慌＜禮貌	逃生．否認＝自信．自尊心	PQ?	如何幫他找回自信？		
動腦＝反覆練習	大量＜單個的教訓	1P?	在陌生環境犯錯是在所難免，改變心態再出發。		
不熟悉的環境＝被動，判斷力降低	南亞大海嘯地震▶逃到高處	3Q?			
如何戰勝恐懼？＝準備	麻痺＝毫無反應	P1?			
獲救的可能性＝希望▶行動的泉源	八個P	P2?			
否認▶思考▶行動	原書名：The Unthinkable	P3?			

釐清目的

將左方關鍵字彙整成二十字

02 彙整關鍵字

於是，B拿出《生還者希望你知道的事》，用藍筆在執行表上寫下關鍵字。因為他已經讀過這本書，所以主要是憑記憶填寫，有需要確認的地方才翻書查找。

接下來的步驟和二十字濃縮表一樣，用紅筆圈選歸納。經過一連串的思考與整理後，B彙整出不熟悉的環境＝被動，判斷力降低等關鍵字群，為A歸納出以下二十字的1P?：**在陌生環境犯錯是在所難免，改變心態再出發。**

發現了嗎？即便讀的是同一本

書，一旦目的有變，歸納出的句子自然也不同。

若能從不同角度閱讀，就算你讀的不是商管書，也能運用在工作上。

建議各位，與其購買內容空洞的商管書，不如閱讀其他領域的知名著作，又或是內容較為抽象、論述扎實的作品，相信你一定能學到更多東西。

充實自我才能讓周遭人對你另眼相看，覺得你是一個頭腦聰明、學識淵博、見多識廣的人才。正如我在應用篇中說過的，說明能力是提升你個人評價的原動力。

03 歸結3Q

彙整出 1P? 後，請將最後的 3Q? 填妥，填寫方式請參考3Q產出執行表的步驟。

別忘了，我們已來到奧祕篇，一切請以對方為出發點。以本案例來說，就是主管B站在下屬A的角度思考，預想當A聽到「在陌生環境犯錯是在所難免，改變心態再出發」時，心中會產生什麼樣的疑問，比方說：

- Why? ＝這句話為何成立？
- How? ＝今後我該怎麼做？
- What? ＝有什麼例子可參考嗎？

預想完A的疑問後，就可以開始幫他解答了。

請看圖 6-5 的放大圖。因為這張執行表的欄位較小，無需仿照3Q產出執行表將問句寫出。

在設定問句時，應將重點放在搞懂與做到，並以對方最聽得懂的方式排定順序。

本案例排定的問句順序為 Why? → How? → What?。但是基本上，A提出 What? 的機率應該很低。

這裡舉滿三個，只是為了讓大家在列舉問句時更有頭緒。因此，B在對A說明時，不會主動說明 What? 的部分，若A問了再補充回答即可。

圖 6-5　為己與為人的差異

1P?	在陌生環境犯錯是在所難免，改變心態再出發。		
3Q?	Why?	How?	What?
P1?	不熟悉的環境	是人都會粗心大意	九一一事件
P2?	判斷力下降	用小成果創造小自信	颶風卡崔娜
P3?	容易因粗心而犯錯	經常深呼吸	二〇〇四年印度洋大地震

預想A聽到後心中會產生哪些疑問

各位今後若遇到類似的狀況，直接空下來也沒關係，一切以對方的狀況為主，千萬別填寫對方壓根兒就不會問的問題。

事實上，很多案例只需填寫兩個甚至一個問句，並無硬性規定，留白也是一種方式。

你只要把握一個原則——**不知該怎麼做時，以對方狀況為準判斷即可**。這就是奧祕篇的精髓，也是最重要的本質和基準。

傳達所學

看完這張表，你是否對貢獻型學習更有概念了呢？重點來了，主管B填完這張執行表後，要如何將學到的內容告訴A呢？各位可參考以下方式：

「A，你最近好像經常出包，我可以給你個建議嗎？我前陣子讀了一本危機管理的書，上面說，人來到陌生的環境時，犯錯是在所難免的。因為進入新環境會使人思考能力下降。

看到自己出這些包，你應該也感到匪夷所思吧？這些都是你以前不可能犯下的錯誤。可見問題出在環境，不是你，你不用特別責怪自己。在你習慣這個環境之前，你還會繼續出錯。這很正常，真的不用太在意。至少我知道錯不在你，晚點我會去跟其他組員解釋。

之後請你放寬心，出錯也別太糾結，把焦點放在自己做好了哪些事，累積每一個小成果。這麼一來，你一定能很快找回以前的自信。

最後告訴你一個適應新環境小技巧，那就是經常深呼吸。深呼吸能幫助我們放鬆心情，恢復平時的表現。你可以試試看喔！」

看完B的解說，你有什麼想法呢？發現了嗎？B並沒有特別提到What?的部分。經過這樣的指導與溝通後，A肯定是受益良多；B看到自己學的東西派上用場，一定也很高興。

只要運用基礎篇和應用篇中學到的技巧，就能為他人貢獻一己之力。準備好進行產出轉型了嗎？也試著為他人學習看看吧！

Case 2 靠學習提升團隊工作能力

接下來我想補充另一個衍伸案例，請各位瀏覽圖6-6。這個案例的主角是A的另一個下屬C，C不擅安排工作行程，主要是因為他缺乏幹勁，A希望能透過紙一張貢獻執行表來幫他解決這個問題。

A這次的選書是《生還者希望你知道的事》，但因為閱讀目的不同，經過思考和整理後，得出以下結論：**不要讓別人覺得，自己蠢到做不好事**。

當然，瑞普立在書中並沒有用到蠢這個字。這其實是A身為主管的用心良苦，為了配合C平常的說話方式，他才選用這個簡單易懂的字眼。我之所以多舉這個例子，是為了向各位強調，主角不是讀了哪本書，而是讓你投身學習的那個人。

圖 6-6 換句話說也可以

〔日期〕11/11 〔主題〕《生還者希望你知道的事》	克服壓力的最佳方法	Who?	另一個下屬—C		
警衛主管瑞克．瑞思考勒	呼吸控制	P/W?	不擅安排工作行程，主要是因為缺乏幹勁。		
緊急時刻＝恐慌＜禮貌	逃生．否認＝自信．自尊心	PQ?	如何讓他明白「排程」的重要性？		
動腦＝反覆練習	大量＜單個的教訓	1P?	不要讓別人覺得自己「蠢」到做不好事。		
不熟悉的環境＝被動，判斷力降低	南亞大海嘯地震▶逃到高處	3Q?	What?	Why?	How?
如何戰勝恐懼？＝準備	麻痺＝毫無反應	P1?	去年旺季	無暇他顧	安排工作行程
獲救的可能性＝希望▶行動的泉源	八個P	P2?	上個月月初	判斷能力下降	確保空檔
否認▶思考▶行動	原書名：The Unthinkable	P3?	下個月的活動	工作效率惡化	隨時保持大腦運作

對使用一般方法閱讀的人而言，可能會對這句結論不以為然，覺得怎麼可以這樣扭曲作者的話。

但各位一路跟我讀到這裡，應該已經不會覺得這句話不對。在某些情況下，換句話說才能達到目的。太過拘泥於原文，反而無法運用所學貢獻他人。

一定要用作者的話嗎？

很多人不知如何在作者的話和自己的話之間做取捨，因此，接下來我想要進一步談談這個問題。相信很多讀者剛接觸本書時，心裡都疑問：「可以換句話說到這種程度嗎？」我在第一章並沒有特別提到這個問題。

這其實跟我們所受的學校教育有關，學校教育讓我們下意識地認為，若用字跟老師不同，就是不對的、錯誤的。為解除各位心中的疑慮，我們來看看圖6-7的例子。圖6-7是E所填寫的執行表。

公司要E以前輩的身分幫忙指導新進同仁F，每兩週與F面談一次，確認F的工作進度。面談開始約兩個月後，F突然對E這麼說：「老實說，我活到現在從來沒有達成過目標。說來實在有些難為情，每次跟前輩您面談，您都會幫我決定各種目標，但我每次都是聽聽就忘了……」

E想一想確實如此，每次說起上次面談提到的目標，F都是一問三不知，跟他雞同鴨講。E想起以前自己在美國留學時，曾讀過跟追求目標有關的經典名著《It Works》，他想用自己從這本書學到的內容來幫助F。

圖 6-7　將作者的話換句話說：以英文書《It Works》為例

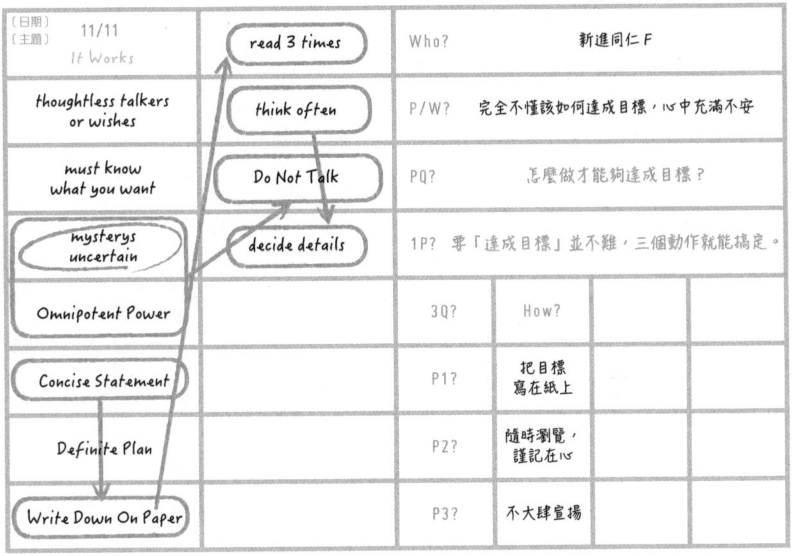

關鍵字	行動	代碼	內容
〔日期〕11/11　〔主題〕It Works	read 3 times	Who?	新進同仁 F
thoughtless talkers or wishes	think often	P/W?	完全不懂該如何達成目標，心中充滿不安
must know what you want	Do Not Talk	PQ?	怎麼做才能夠達成目標？
mysterys uncertain	decide details	1P?	要「達成目標」並不難，三個動作就能搞定。
Omnipotent Power		3Q?	How?
Concise Statement		P1?	把目標寫在紙上
Definite Plan		P2?	隨時瀏覽，謹記在心
Write Down On Paper		P3?	不大肆宣揚

於是，E拿出紙一張貢獻執行表，先填寫好Who?、P/W?、PQ?這三個欄位，然後一邊翻閱《It Works》一邊填寫關鍵字。相信很多讀者看到這張執行表都嚇了一跳吧？

沒錯，這是一本英文原文書。當然，這裡不是鼓勵大家閱讀英文書，還請各位不要勉強自己，只要選擇熟悉的語言即可。

我之所以選用原文書作為案例，最主要是為了跟大家強調：「學習無國界，外文也OK！」既然在奧祕篇特別選用英文作為學習素材，當然有它的奧祕所在囉！

這個案例有一個大前提，那就是F對英文一竅不通。但這張執行表的「主角」不是英文呱呱叫的E，而是完全看不懂英文的F。

因此，1P?、3Q?這幾個欄位，是不能用英文填寫的。不知道各位有發現嗎？圖6-7中，E並沒有用英文填寫這些欄位。因E並不知道《It Works》是否有出譯本，這張表上的關鍵字全是E自己的解釋。

在這樣的案例中，如果你只肯使用作者的話填表，會發生什麼事呢？那1P?和3Q?也勢必得使用英文。但因為F看不懂英文，用英文寫是無法幫他解決問題的。

雖然這個例子有些極端，但相信各位都知道我要表達什麼，那就是**請用自己的話來闡述作者的訊息**。這已經不是可不可以的問題了，而是你必須這麼做，才能真正幫助到別人。

請各位是時候該擺脫求學時代的學習觀念了。現在的你我已不是學生，而是闖蕩商界的商務人士。在填表時，請務必謹記主動、主體性、積極這三個基本原則，以有效達成目標為優先考量，適當地換句話說吧。

圖 6-8　將作者的話換句話說：以英文書《It Works》為例

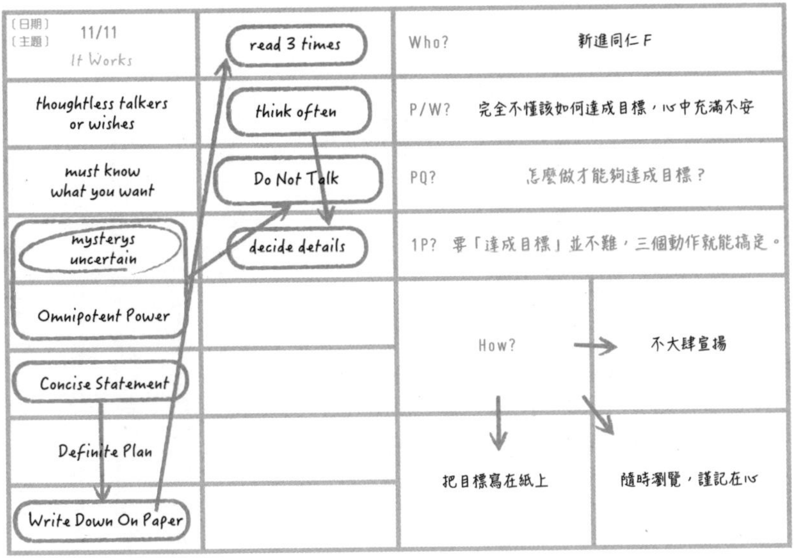
〔日期〕
〔主題〕
11/11
It Works
thoughtless talkers or wishes
must know what you want
mysterys uncertain
Omnipotent Power
Concise Statement
Definite Plan
Write Down On Paper
read 3 times
think often
Do Not Talk
decide details
Who?
新進同仁 F
P/W?
完全不懂該如何達成目標，心中充滿不安
PQ?
怎麼做才能夠達成目標？
1P?
要「達成目標」並不難，三個動作就能搞定。
How?
不大肆宣揚
把目標寫在紙上
隨時瀏覽，謹記在心

3Q怎麼寫，由你決定

我舉這個例子還有另一個目的。在說明之前，先請大家思考圖 6-7 的 3Q? 區，為什麼只寫了 How? 呢？前面也提過，沒有要說明的事項可以不寫。

這張執行表的 1P? 是「要『達成目標』並不難，三個動作就能搞定」。

由此可見，F 需要的只有 How?，也就是如何執行這三個動作。仔細觀察你會發現，很多紙一張貢獻執行表的 3Q? 區都只有 How?。

因為貢獻學習法是為了幫助他人解決問題、實現願望，絕大部分的重點都落在如何解決、如何實現。這裡特別為大家準備了「唯 How 型貢獻執行表」，如果你一開始就知道只需填寫 How?，請直接使用圖 6-8 即可。

這張執行表的右下部分空間相當充足，可填入更詳盡的資訊。如果你比較習慣這個唯 How 版本，請務必多加運用。

先求聽得懂，再求做得到

接下來我們來進行最後確認。還記得我們在應用篇中學到的化動詞為動作嗎？在填寫 How? 欄位時，請務必謹記化動詞為動作的原則。在寫貢獻執行表時，這個原則非常重要。因為我們的目的是**讓對方付諸實行**。

主角是自己的時候，就算敘述得抽象一點，基本上還是能憑印象付諸行動。但希望他人行動時，就必須向他人說明，對方得先聽得懂，才能做得到。基於以上原因，我們必須盡可能地說清楚講明白。以這個案例而言，我們可以怎麼補充呢？

・把目標寫在紙上

↓將目標濃縮成二十字，寫在影印紙上。

・隨時瀏覽，謹記在心

↓夾在電腦裡，一天看三次以上。

・不大肆宣揚

↓目標只讓E知道，對他人守口如瓶。

相信F聽完這些敘述，一定能更有想法。如果F聽完還是一頭霧水，再視情況補充說明即可。俗話說，說來容易做來難。看我列出流程似乎很簡單，但其實，很多商務人士都沒有化動詞為動作的概念，所以要說清楚講明白並不是一件容易的事。

不過，別擔心，只要反覆填寫執行表，累積經驗值，最後一定能駕輕就熟。請各位務必多加練習，試著用自己的話說清楚，不要被作者的遣詞用字牽

圖 6-9 讓 F 付諸行動的方法

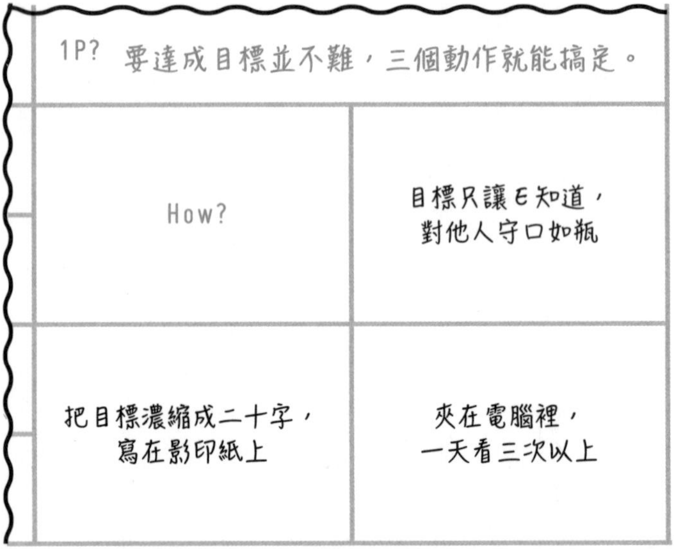

1P? 要達成目標並不難，三個動作就能搞定。	
How?	目標只讓 E 知道，對他人守口如瓶
把目標濃縮成二十字，寫在影印紙上	夾在電腦裡，一天看三次以上

著鼻子走。這麼一來，一定能磨練出簡明扼要的表達能力。

看完這兩個案例，各位有何感想呢？是激起了你的求知慾呢？「天吶！好有趣喔！我第一次看到這種學習法！」；還是有些力不從心呢？「嗯……你說的我都懂，但我不知道要為誰學習……」

如果你的感受是後者，我想問你一個比較辛辣的問題。你有想支援、想幫助的人嗎？這是個簡單而沉重的問題。

因為，如果工作是為了讓周遭人輕鬆，而你的答案是沒有，那就代表，你根本做不好工作。所以，

圖 6-10 為了找出你想幫助的人的 Excel 1

20XX.4.XX 我的工作相關人士		P/W?	
主任 A		面對市場不斷縮小卻束手無策	
經理 B		部署內不互助	
同事 C		缺乏幹勁	
同事 D		經常加班	
客戶 E		時間不夠用	
客戶 F		商務模式碰到瓶頸	
生意夥伴 G		年輕毛躁，做什麼都半途而廢	

對方正面臨的困境與問題

用簡稱也可以

請各位務必從身邊找出需要支援、幫助的人。無須講求一蹴即成，一步一步慢慢來就好。

最後，我要教大家如何用具體動作找出需要幫助的人。請各位瀏覽圖 6-10 的 Excel 1。

這張表的主題是「與我的工作相關的人們」，請各位以藍筆列出相關人等的名字。

接下來，用紅筆圈出三個平常會跟你聊天、比較好溝通的人。然後在第三排寫下他們每個人的 P/W?，也就是所面臨的問題與願望。

這張表一開始不需要全部填滿，若有一時寫不出來的欄位，只要在心中自問：「這裡要寫什麼好呢？」即可。之後，請你像平常一樣跟紅筆圈起來的人相處。你會發現，雖然你們的談話方式與之前一樣，卻能下意識注意到對方的難處。

「咦？沒想到A有這樣的煩惱……」、「喔，原來B有這樣目標……」這麼一來，你就知道空欄要寫什麼了。根據腦科學專家和心理學家的說法，**人類只要心存疑問，就會持續尋找答案**。事實證明，我自己和眾多學員都具有這樣的特質。

在填寫 Excel 1 的過程中若有空欄，請在心中想著：「這裡要寫什麼好呢？」之後大腦就會半自動幫你排除疑問。在意識與潛意識的雙重動作下，很快就能找到答案。有了需要幫助的人和內容後，就可以使用貢獻執行表來幫助他人了。

初學者在填寫執行表的過程中，很容易產生各種疑慮，因而不知道該怎麼做。以往在幫學員上課時，常有人疑惑不知道該幫助誰。如果你也有這個問題，歡迎使用上述方法來解決。

本書的最後案例

看完一連串的紙一張整理術，各位覺得如何呢？我花了六章的篇幅，針對紙一張整理術進行了全方位的解說，帶大家看完了整個系統的 What?、Why? 和 How?。相信讀到這裡，你已經能回答下面三個問題：

・三大執行表的優點是什麼？
・為什麼需要？
・要如何執行？

接下來，該來介紹本書的最後一個案例了。這是一個沒有範例的案例，因為這個案例必須由你來寫，**以本書為主題，填寫紙一張型執行表**。

請各位先填寫二十字濃縮表，在P?欄填入**本書精華**，然後將你在書中學到的內容，彙整成二十字的短句。

接下來，請拿出3Q產出執行表，謄寫上一張表得出的 1P?，然後用思考和整理消除三大疑問。最後則使用貢獻執行表，進行綜合演練。

你身邊有這樣的人嗎？

・不擅學習，一提到學習就一個頭兩個大
・很努力學習，卻總是徒勞無功
・學東西不是為了幫助他人，而是為了扯人後腿

如果有，請務必使用貢獻執行表向他說明本書內容。你施予的援手，或許可以改善對方的現狀，又或是將他導回正軌。這也是本書能夠帶給你的全新閱讀經驗。如果你成功幫助到周遭人，別忘了將過程寄到 info@asadasuguru.com 跟我分享喔！

你親手填寫的執行表，就是完成本書的最後一片拼圖。有了你們，本書才完整。期待各位與我分享本書最後案例。

終章

喚醒你心中的求知慾

在本書的尾聲，我要問各位一個問題。你覺得人喪失記憶時，第一個問的問題會是什麼呢？至今我已拿這個問題問過許多學員，大家的回答都一樣，相信各位的答案應該也差不多——**這裡是哪裡？我是誰？**

大多人都沒有喪失記憶的經驗，但大家的答案都一樣。我認為，這兩句話的背後其實是有含義的。

這裡是哪裡？↓世界是什麼？

我是誰？↓人類是什麼？

為什麼我們會想了解世界和人類呢？因為只要確定這兩個要素，就能夠鞏固自己的人生觀，釐清該如何生存。**人之所以渴望學習，是為了鞏固自己的世界觀、人際觀和人生觀**。

求知是我們與生俱來的慾望。在第二章介紹人文素養時，就已提過這三觀。本書將以三觀為基礎的學習，定義為**求知型學習**。了解什麼是求知型學習後，我想跟各位談談我對這個時代的認知。

放眼這個時代，大多商務人士都不是在求知慾的驅使下學習事物。很多人出社會後，就很少自動自發學習了。大家甚至會嘲諷自主學習的人，說他們假用功、愛出風頭。這個現象的本質在於，**求取經歷的心態，蒙蔽了與生俱來的求知慾**。

我將這種為了求取經歷的學習觀念稱為取經型學習。簡單來說，這些人學習只是為了考上好大學、進入好公司和升上好職位。值得注意的是，很多人的取經型學習僅止於進入好公司，找到好工作後就不再精進自我。

當找到工作＝喪失學習目的，怎麼會有心情學習新事物呢？不瞞各位，以前我還是上班族時，常得忍受下面這種酸言酸語。

「你又不是學生了，幹麼念書？」

「真搞不懂你為什麼要學這些有的沒的。」

「你都進到 TOYOTA 了，沒必要學習了吧？」

起初我不懂他們為什麼要這麼說，到了四十歲才發現，這些人會說出這種話，是因為他們活在傳統觀念的束縛下，以為學習只是為了求取經歷。我也碰過不少積極學習的社會人士，但他們當中很多人也是走取經型路線，學習對他們而言，只是升職的一種管道。

考證照就是典型的例子。很多人並未更新學生時代的學習觀念，習慣用證照展現自己的經歷，將證照視為升級人生的工具。看到這裡一定有人心想：「你到底想說什麼？」我只是希望，商務人士能回歸最原始的學習態度，改掉取經型學習的習慣，重新喚醒心中的求知慾。

照理來說，每個人都渴望釐清自己的世界觀、人際觀和人生觀，希望能夠鞏固人生道路。在求知慾的驅使下，當我們透過學習釐清事物的本質時，應該都會感到非常快樂。

學習，是件快樂的事。在此呼籲各位，請務必找回學習的樂趣，別再被求取經歷這種傳統觀念蒙蔽了雙眼。本書將為數眾多的案例濃縮成二十字，希望能夠透過這樣的連結，讓各位回想起學習的快樂。

我之所以這麼努力寫這本書，就是為了刺激各位與生俱來的「求知慾」。至於那些早就對學習「樂在其中」的讀者，我想對你們說：**自我滿足的心態是「求知型學習」的絆腳石，讓人難以在工作上學以致用**。

這句話其實是我自身的經驗談。我懂你們對學習的渴望，一直以來，我都將學習視為一種樂趣。

但是別忘了，工作的本質是為了讓周遭人輕鬆，光是獨樂樂是不夠的。一味沉浸在樂趣之中，只會讓自己流於安逸。這就是你無法在職場學以致用的最主要原因。

看完本書後，你是否也覺醒了呢？請各位務必矯正學習觀念，從取經型學習重返求知型學習。然後再修正學習態度，從自我滿足晉級為貢獻他人。

我之所以開發這套系統，就是為了向世人推廣上述學習觀念和態度。希望各位能從本書的字裡行間感受到我的一番心意。

在寫這本書時，我的大兒子即將滿兩歲。他每天都在大量地學習，享受樂趣，每天睡醒都有新的進步，讓我跟太太驚嘆不已。

每當學會新的詞彙、去到新的地方、遇到新的人、學會新的概念，他總會露出燦爛無比的笑容。他的笑容不斷在提醒我，學習原本是件快樂的事。

我無意批評為求取經歷而學習這個行為。說來遺憾，就當今的社會結構而言，這樣的學習觀念還是有存在的必要性。在人生路上，我們甚至得經過好幾次苦學和苦讀。

但放眼現今社會，未免太多大人將學習的樂趣忘得一乾二淨。這些人自己忘記就算了，還很喜歡潑別人冷水。看到社會新鮮人不忘讀書、精進自我，就酸他們假用功、愛出風頭。

我不希望將這樣的職場環境留給我的孩子。所以我希望能有更多人執行本書內容，進一步感化更多人，推廣書中的世界觀與學習觀，滋潤如今大人心中的求知沙漠。

還請各位務必幫我這個忙，**長大成人仍要快樂學習，以貢獻他人為學習前提**吧。如果能夠快樂學習、助人為善，在社會上八面玲瓏，經濟上不愁吃穿，還有比這更快樂的事嗎？一直以來我都是過著這種商務人生，希望今後我兒子也能夠繼續看著這樣的我長大。

你希望在他人面前呈現怎樣的你呢？祝福各位都能透過學習為自己和周遭

人創造幸福。如果這本書能讓周遭人輕鬆一些，那將是我人生最大的喜悅。
謝謝各位讀到最後，謝謝你們。

後記

本書的出版過程中，SB Creative 出版社的編輯多根由希繪小姐幫了我很多忙。若沒有她的鼎力相助，是絕對無法順利出版的。本書最後的完稿跟初稿相差甚遠，幾乎到了整本重寫的地步。

多根小姐不愧是經手多本暢銷書的王牌編輯，她的意見總令我受益良多。寫完這本書，我的經驗值也突飛猛進。在此我想藉這個機會，對多根小姐深表謝意。

在多根小姐的牽線下，我有幸與曾在麥肯錫（McKinsey & Company）服務的大嶋祥譽小姐進行對談，在此也要特別感謝企劃這場對談的 President 出版社。

為什麼 President 出版社會找上我呢？這又要感謝 Summark 邀我出書。唉呀，再這樣感謝下去會沒完沒了，就先就此打住吧。總歸一句話：「授與你機會的是別人，不是你自己。」一直以來，我都將這句話銘記在心，之後我也會繼續為他人貢獻一己之力。

在本書的尾聲，我要感謝周遭所有人。謝謝老婆辛苦懷著二寶還處處為我設想，謝謝我的父母、照顧大寶的幼稚園老師，以及平時給予我支持的人們。因為你們，才有了這本書的誕生。

在此謹致上最高的謝意。

二〇一八年十月

淺田卓

國家圖書館出版品預行編目資料

20 個字的精準文案：「紙一張整理術」再進化，三表格完成最強工作革命 / 淺田卓作 . -- 初版 . -- 臺北市：三采文化，2020.04
面；　公分 . -- (輕商管；35)
ISBN 978-957-658-326-1(平裝)

1. 文書處理 2. 資料處理

494.45　　109002498

suncolor 三采文化集團

輕商管 35

20 個字的精準文案：

「紙一張整理術」再進化，三表格完成最強工作革命

作者｜淺田卓　譯者｜劉愛夌
日文編輯｜李媁婷　美術主編｜藍秀婷　封面設計｜高郁雯
版權經理｜劉契妙　內頁排版｜陳佩君　校對｜聞若婷

發行人｜張輝明　總編輯｜曾雅青　發行所｜三采文化股份有限公司
地址｜台北市內湖區瑞光路 513 巷 33 號 8 樓
傳訊｜TEL:8797-1234　FAX:8797-1688　網址｜www.suncolor.com.tw
郵政劃撥｜帳號：14319060　戶名：三采文化股份有限公司
本版發行｜2020 年 04 月 17 日　定價｜NT$340

Subete no Chishiki wo “20 Ji” de Matomeru Kami 1 mai Dokugakujutsu